温柔地清算科学主义

——南腔北调 2

江晓原　刘　兵　著

北京大学出版社
PEKING UNIVERSITY PRESS

图书在版编目(CIP)数据

温柔地清算科学主义:南腔北调 2/江晓原,刘兵著.—北京:北京大学出版社,2010.6

ISBN 978-7-301-17195-0

Ⅰ.温… Ⅱ.①江… ②刘… Ⅲ.科学-关系-文化-研究 Ⅳ.G301

中国版本图书馆 CIP 数据核字(2010)第 086606 号

书　　　名:温柔地清算科学主义——南腔北调 2
著作责任者:江晓原　刘　兵　著
责 任 编 辑:魏冬峰
标 准 书 号:ISBN 978-7-301-17195-0/G·2852
出 版 发 行:北京大学出版社
地　　　址:北京市海淀区成府路 205 号　100871
网　　　址:http://www.pup.cn　电子邮箱:weidf02@sina.com
电　　　话:邮购部 62752015　发行部 62750672　编辑部 62752824
　　　　　　出版部 62754962
印　刷　者:三河市北燕印装有限公司
经　销　者:新华书店
　　　　　　650 毫米×980 毫米　16 开本　22.75 印张　236 千字
　　　　　　2010 年 6 月第 1 版　2010 年 6 月第 1 次印刷
定　　　价:58.00 元

目　录

副编　南辕北辙

代前言

科学文化人：自发兴趣和意外使命

□ 江晓原 ■ 刘兵

中国科学文化研究(专题)编者按：

最近几年，国内学界一些从事科学史、科学技术哲学等相关学科研究的学者们发起了一场别具特色的科学文化新启蒙运动，用一种全新的视角重新审视诸如“科学是什么”等老问题，通过一种否定性思维的方法，挖掘科学长期被遮蔽的另一面，期望通过这种努力，复原科学的本来面目。这种研究进路与目前国际上科学知识社会学研究范式的转变具有很大的共时性，基于本土性的特殊文化与制度架构，这种研究对于我们全面理解科学以及其作为建制的运行就具有了巨大的镜像意义。本着这样的理念，特意邀请了国内科学文化研究的倡导者与践行者共同就这个话题，畅谈科学文化研究在中国的缘起、发展以及它的理论旨趣所在。

科学文化运动的两位倡导者——上海交通大学科学史系的江晓原教授与清华大学人文学院的刘兵教授在《科学文化人：自发兴趣和意外使命》一文中，以对话的形式，回顾了中国科学文化研究的缘起与发展，并特别探讨了由科学文化研究引发的“意外使命”以及新出现的“NGO 学者”等现象在未来中国所具有的深远意义。

□ 刘兵兄，你我都是学物理出身的人，正如华杰所说，我们的“缺省配置”都是科学主义。后来大家纷纷“升级”，就告别了科学主义。在我们这群朋友中，你被认为是“升级”最早的人之一，而我是较晚才“升级”的。不过我在“升级”之后，回顾这番心路历程，倒是非常喜悦的。

你在《面对可能的世界——科学的多元文化》的自序中说：“一个学者，在其学习和研究的过程中，思想认识应该是在不断变化的。……如果一成不变，没有改进，那应该是没有出息的表现。”这段话我当然是极赞成的，不过它和中国古代的某些学术理念却是格格不入。古代中国人往往强调学者持某一种学说应该坚定不移，而“其法屡变”则成为被攻击的口实——似乎当一个学者所持的立场、观点或学说一变化，他就成为不可信任的了。我不敢说这种理念在今天的中国学者中已经毫无影响了。

你所说的思想认识的变化，也不是一个很简单的概念。告别科学主义立场，接受人文主义立场和多元理念，用“升级”来描述是相当好的。这和有些赞成学者改变思想认识的人常用的"与时俱进"、"今日之我否定昨日之我"等等表达相比，有着更为丰富的内涵。

我更喜欢借用物理学中的概念来比喻：比如，当牛顿理论"升级"为爱因斯坦理论时，有人会说是后者"否定"了牛顿的绝对时空，其实牛顿的时空只是在更为宽阔的爱因斯坦理论中退化为一个特例而已。借用这个比喻，当一个学者告别科学主义立场时，并不意味着他从此就要"否定"科学、"反对"科学，而只是表明，他此后将会把科学置入一个更为宽阔的背景框架中去考察和认识而已。

■ 我想，大致是可以这样说的。我所说的学者在学习和研究过程中的思想认识的变化，也不妨用"升级"来形容。当然，"升级"这样的说法，似乎更给了这种变化以一种积极的褒义。

其实，不仅仅是学者，就算是一般人，也仍然有思想认识变化的问题。俗话说，活到老，学到老，也应该有这样的意思，或可以这样的解释吧。如果不是在思想认识上的"升级"，那要学到老，就只能是在知识记忆上的数量增加了。但这种单纯的知识记忆的增加，已经为不少人所批评，因为那些本可以在各种资料工具书等查到的东西，何必一定要下死功夫去背？倒不如把时间用于观念的变革上。当然，在初期阶段，必要的记忆也还是必要的，但人毕竟不能总在初级阶段吧。尤其是学者在从事研究的时候，就更是如此了。否则，如果只是终身坚持某一种学说、观点和立场，那研究的必要性和意义又在哪里呢？

你上面用物理学中的牛顿理论向爱因斯坦的相对论"升级"来比喻，也有一定道理，而在科学史中，那又被称为"科学革命"。虽然对于科学中何为"革命"人们尚有诸多在判据上的争议，但粗略地讲，将“革命”理解为一种剧变，也还是大致可以接受的。讲科学理论的发展是如此，那么，讲个人的思想认识也是如此。在你举的这个例子里，我们可以进一步设想，如果一个学习物理学的研究者，在学习和掌握了牛顿的理论之后，便开始“坚持”和“固守”牛顿理论而拒绝再学习相对论，拒绝“升级”，那在相对论出现之后的时代，恐怕他连继续从事物理研究的资格都不再具备。

不过，上面说的，还都是科学中的例子。仍然是作为一个学习者和研究者，但不是在科学的领域中，而是在跨学科（比如像科学史或科学哲学——当然，这些学问现在也已成了自主的学科，但在与传统中纯粹科学或人文学科相比，仍然有跨学科的意味）中，你是不是觉得从科学主义向非科学主义的“升级”还有另外的意味呢？

□　我不知道你说的“另外的意味”是指什么，但是我给我们这次对谈所起的标题中，“自发兴趣和意外使命”或许和你想到的事情有关。

我们这群学者，基本上都是学理工科出身——学物理的占绝大多数，此外还有学地质的、学生物的等等——但后来工作在科学史、科学哲学、科学社会学等领域。这些领域基本上都处在科学与人文的交界处。这里根子还在个人兴趣上——我们所读的研究生专业，毕竟都是自己选择的，而主要是因为研究生阶段的专业选择，使我们不约而同走上了今天的工作道路。

因为工作需要，我们会比较多地思考有关问题，比较早地接触有关学说。因此在思想上发生从科学主义“缺省配置”的“升级”，用你的话来说，只要还稍微有点出息，就是早晚会发生的事情。这里也许有着相当程度“近水楼台先得月”的因素。

所以对我们来说，“升级”归根结底是源于我们的自发兴趣。

但是既已“升级”，立场转变，眼界开阔之后，却发现了某种“意外使命”。何谓“意外使命”？这里我只能说说我自己的想法。

我从小就不是那种胸怀大志之人，做事往往听从内心召唤，甚至率性而为，这样的人通常很少会有庄严神圣的使命感。作为一个学天体物理专业出身的人，科学主义在我身上很长时间是坚如磐石的，只不过因为我受中国传统文化熏陶较深，而且一向主张宽容和多元，所以“升级”起来倒是没有多少困难。但是“升级”之后，我觉得既然身边在思想上科学主义坚如磐石的人仍然如此之多，我们难道不应该将我们的“升级”心得与他们分享吗？这样一来就意外地产生了某种使命感。

这种使命感当然也可能只是自作多情，但是从近年来我们这些朋友在学术文本和大众媒体上的表现程度来推测，我们的社会是有这方面需求的。

■ 我本来想说的，恰恰就是在一个学科学出身的人转向文科，或者转向像科学史或科学哲学这种虽然仍然以科学为对象，但却要以人文视角进行研究的领域后，应该如何“升级”的问题。诚如你所说，我们过去受的教育是科学主义的，相应的，我们也曾是很典型的科学主义导向的，而现在我们身边“在思想上科学主义坚如磐石的人仍然如此之多”。但除此之外，我还注意到另一个现象，即在以科学为对象而且本应以人文视角和立场来进行研究的领域中，也仍然有如此众多的科学主义者。因而，有时我会想，在这样的领域中工作，如果没有能够成功地实现从科学主义向人文主义的“升级”，那也许只是标志着此研究者还没有真正跨进人文研究的大门呢。

当然，在像科学史和科学哲学这些学科发展的早期，学科建制尚不成熟，学科自身的自主性不强，独特的学术标准和评价标准也还未充分建立，而研究者，又多是从科学领域中转来，或是一些科学家在年老时发挥“余热”和满足“兴趣”才“业余”地从事研究，甚至更有极端者，则是一些在科学领域中并不成功或因此而灰心的人，才转向这里，认为这里的研究会相对容易。在这样的情况下，科学主义占主导地位，还是可以理解的。

然而，在这些学科今天的发展形势下，已经越过了学科发展初期的阶段，从国际上看，在这些学科后备人才的培养中，也是非常专业化了的（在这一点上我们也曾一度落后），而且这种专业化的教育，又从一开始就贯穿了人文的立场。在这样的形式下，在这些领域中的专业研究者们，如果仍然没有摆脱科学主义的束缚，那恐怕就很有些说不过去了。

□　不过，你这样的说法，是不是稍微有点持论过苛？我觉得从文化多元的基本立场出发，没有“升级”甚至拒绝“升级”的人，也可以成为研究中的一元。

说到这里，我倒想起了另外一方面。经常有人向我感叹：你和刘兵亲密合作了那么多年，真不容易啊！真难得啊！我们的合作当然没有什么“不容易”，但确实相当“难得”。我觉得还是田松说得好：我们这些朋友“是由衷地相互欣赏着的”。在这些愉快合作和相互欣赏背后，究竟是什么原因呢？

我猜想，最重要的原因之一，应该就是：我们都是学自然科学出身，又都到了这一组相关领域栖身、工作，又都先后自发完成了告别科学主义的“升级”。所谓“同声相应，同气相求”，所谓“物以类聚，人以群分”，不就是用来描述这种情景的吗？

当然，我上面说的仅仅是原因之一。应该还有别的原因。

对于中国知识分子之间的相处，自古就有名言：文人相轻，自古而然——“各以所长，相轻所短”（曹丕《典论·论文》）。令人欣慰的是，我们这些朋友不是这样。田松所谓“由衷地相互欣赏着的”，恰恰是与中国自古而然的文人陋习相反的。

完成了告别科学主义的“升级”，就意味着接受了多元的价值体系；而接受了多元的价值体系，就意味着更能够容忍不同意见和不同风格。这也许就是“由衷地相互欣赏着”的思想基础吧？

■　你说得也有道理。其实，从原则上接受一种立场，和在时时处处自觉不自觉地贯彻某种立场，有时候还是会有些差别的。从原则上讲，从多元文化的基本立场出发，那些科学主义者们当然也是其中的一元。但多元文化的立场，只是意味着在原则上可以接受多元，与此同时，自己在具体问题上究竟倾向于其中的哪一元，那还是会有倾向和偏爱的。比如说，在培养学生时，自己指导的学生，一般来说，恐怕还是希望他们能够与自己所倾向的那一元相一致吧。

这里可能就涉及到另外一些问题。其一，即在这种原则上的多元立场，与具体问题上个人所持的具体某一元立场之间的张力。其二，我不知你想到过没有，仍然是在最原初的原则上坚持多元并存的立场的前提下，对于持与自己之倾向不同元的立场的不同的人，我们的态度还是会有所差别的，至少，在情感接受的意义上，也还会是能有一些鲜明的区分的。或者，用“由衷地相互欣赏着的”那句话，似乎还是会有一些限定，也就是说，不会对所有的人都是如此——尽管这仍然可以是在坚持多元文化的前提之下。在这背后的原因，你认为又是什么呢？

□　你还记得有一阵我们在《文景》杂志上开专栏对谈“学术品味”吗？我认为这可能涉及你上面所说的原因——我们这些朋友有着相似或相近的“学术品味”，其实也就是俗话说的“气味相投”。这应该是“由衷地相互欣赏着”的第二个基础吧。

要说具体的学术兴趣，其实我们这些朋友相互之间差异很大。比如华杰热衷于博物学传统的事情，喜欢花花草草；田松对发展、环保等问题都抱有激进而悲观的态度；劲松思路刁钻，总喜欢对人人认为天经地义的观念发难；李侠则对科技政策之类的事情兴趣浓厚；你在一个反科学主义的相当宽阔的正面平行推进；我则在近年迷恋上了科幻作品，同时也经常在一些别的领域旁骛。

按常理言之，这些个人兴趣相互之间差异之大，甚至到了风马牛不相及的地步。那么，让我们“由衷地相互欣赏着”的纽带是什么呢？我想还是告别科学主义的“升级”。也许，所谓相似或相近的“学术品味”，其灵魂仍然是告别科学主义的“升级”？或者说，具体兴趣虽然各异，“学术品味”却是相同？

但是，你上面的问题似乎表明，我上面的解释还是不够的。确实，“不会对所有的人都是如此——尽管这仍然可以是在坚持多元文化的前提之下”。那我看只能用“偶然性”来解释了：

和我们一样完成了“升级”的肯定还有人在，只是大家没有遇到，或者没有机会发展成为好友，而我们这些人恰好遇到了，而且成了好友，此其一。在我们这些已经成为好友的人中，恰好又都人品很好，大家不搞争名夺利钩心斗角，所以能够多年“由衷地相互欣赏着”，此其二也。如果这样来解释，那倒真是很“难得”了。

■　你这里可以说是谈到了“科学文化人”这个群体之所以会形成和保持的部分原因。至于在说到更大的范围——我是指以科学为对象进行人文研究的更大的学者群体，或者也许还可以更一般性地扩大到人文学者的群体（这时姑且先把科学家和工程师们排除在外），那就像你所说的，“偶然性”显然不是一个很有说服力的解释。其实，我所想说的，还不只是仅指一个小群体间的合作或联合，而是指在更宽泛的“无形学院”意义上的学者之间的承认。甚至于，我所想到的，是在追求形式化的体制承认，也就是所谓官方承认，和在有一些官方体制之外的社会承认之间的差异问题。

在这方面，我们会看到，以这种方式，又可以大致地分出两类学者。追求官方承认的那些学者，其工作和成绩主要反映在像拿到各种基金、项目，课题很多，获得各种不同级别的官方奖励，在官方认可的核心刊物或 CSSCI 刊物上发表文章，甚至以为政府制定政策服务而做了相应的应用性研究等。而更获得了社会性学术承认的那些学者，则主要体现在一些非官方性的刊物和出版物中的表现，在社会上有更广泛的影响力。当然，也有不少人在这两种极端中居于中间或者说是混合状态。其实，这种学者群体的分化现象，在近些年中有着明显的发展。

这里，当然肯定还是涉及到学术品味问题。不过更具体地讲，这种差异背后的根源，我也是还没有想得很清楚。

□ 你上面所说的两类学者，确实也是我们不时谈到的话题。你说的后一种学者，经常被你戏称为“NGO 学者”，这里我们不妨就借用这个名称。

就目前的情形来看，高纯度的“NGO 学者”还是相当少数的。如果从定义上说，当一个“NGO 学者”纯度达到100％时，他或许就将不再是学者。所以可以说，所有的“NGO 学者”实际上都是处于混合状态的。

在改革开放之前的岁月中，中国很长时间根本没有“NGO 学者”的生存空间，也就根本没有“NGO 学者”。“NGO 学者”的生存空间是改革开放带来的，更具体地说，主要是市场化带来的。或者换一种说法，在今天的中国社会，政府已经不再是学术产品的唯一买家。学术产品有了民间的买家或消费者，就给“NGO 学者”提供了生存空间。这种生存空间，不仅仅表现在经济收入上（比如自由撰稿人能够依靠稿费生活），它还表现在社会对其文化价值的承认上。这样，物质和精神两个方面就都有了。

当我们引入“NGO 学者”这个视角之后，让我们将目光重新回到所谓的“科学文化人”群体，就会发现一个有趣的现象：这些人几乎都是不同程度的“NGO 学者”。当然，他们大部分人都在大学或出版社、报社等国营单位供职，不可能 100%“NGO 化”，但是他们确实有一些自己的“NGO 生存空间”，比如较强的大众文本写作能力、较广泛的社会影响、较多地受到媒体的欢迎和关注等等。

■ 我们这里所说的“NGO 学者”，在中国现有的体制内，又有着其特殊的意义。其实综观国际学界的状况，即使在像美国这样的发达国家，学术体制现代化也带来了与我们这里很有些类似的问题，例如能申请到经费成为学术生存和发展的主要基础等。这些问题，也曾受到一些非议。我们这里的许多规则，其实也是向国外学习引进过来的，只不过有时没有学好，把有问题的方面扩大了来学习和引进，一些好的地方，反而是视而不见没有引进。比如说，像把理工科，特别是工科的思维模式照搬过来管理人文社会科学学科，这样，在我们这里所分类的文科中，特别是那些人文学科中，就带来了许许多多不利于真正的学术发展的问题。此外，我们这里又没有像国外那种终身教授的规范化设置，在这里，即使你评上了教授，仍然不断地受到像基金项目经费申请以及那种形式化的“学术论文”发表等方面的考核压力。而这些压力，又是以那种官方体制化的标准来要求的。但在美国等国家，当一个人文学科的学者当上终身教授之后，如果不是更多地追求经济收入等，则是完全有可能以更超脱的心态从事更纯粹的学术研究的。

除了上面所说的问题之外，我们这里与发达国家的另一个差别，是在基金设立上。我们这里，主要的基金资助者，都是官方的机构，而国外，则有形形色色的基金会（包括大量的私人基金会）存在。在我们这里的官方基金机构那里，就文科来说，能够被资助的附加（或隐形附加）条件，包括意识形态导向方面的限制，也包括利用基金资助而做更多本应是政府各部门自己应做的事。这就造成了这样的局面：要生存，就必须争取项目经费，而一旦获得了那种主要来源于官方的经费资助，为完成项目，就又必须要以相当非学术的方式来从事项目的“研究”。因而，这样的经费资助体制，本身就是不利于学术健康发展的，甚至于对学术的健康发展有着相当大的破坏作用。

正是在这样的局面下，在我们这里，那些“NGO 学者”的出现，如果从上面谈论的角度来看，恰恰可以说是对于这种体制的某种平衡。

□　你认为“NGO 学者”的出现可以形成平衡力量，这很有道理。

其实说到这里我们又要涉及“学术品味”了，简单地说，体制内如今盛行的“量化考核”，总的来说是败坏“学术品味”的，它不可能得到真正的学者的欢迎。体制内的学者迫于无奈，只能忍受它；“NGO 学者”虽然有了一点自己的生存和发展空间，但也不敢完全无视它的存在，妥协和让步也是经常发生的。

所以在目前阶段，“NGO 学者”所能提供的平衡，主要只能表现为在体制外的“立”，而不是在体制内的“破”——体制暂时还是牢不可破的。但是“NGO 学者”在体制外工作得越是有声有色，他们所产生的平衡作用就越是大。展望未来，越来越多的“NGO 学者”不断开拓不断发展，那光景还是很值得我们向往的。

一个令人欣喜的迹象是："科学文化人"群体的"NGO学术"，已经开始逐渐得到某些体制内的承认。这种承认本来是意料之外的，因为"科学文化人"的"NGO学术"并非以得到体制承认为宗旨（当然他们也无意于和体制作对）。现在看来，在思想文化方面，那些在体制外进行的心平气和兼容并包同时又独具特色的建设和积累，是有可能在体制内和体制外同时受到欢迎的。

这一迹象目前虽然尚属微弱，但我认为它的意义是深远的。

■ 正是如此！在现实中，绝对的理想总是不存在的，学术界也是一样，在最好的情况下，恐怕也只能是为学术自身的目标而达成的某种妥协。这样的妥协，有别于对于体制的一味屈从和迎合，更有别于那种比体制化还要更体制化、"城中好高髻，四方且一尺"式的极端追求。

当然，即使是为了达到某种平衡或者妥协，一个必要的前提，是学者们的实力。因为在体制之外，那种社会的或市场的标准，在学术的意义上，只能是一种更高的要求，在这里，依靠关系或其他非学术的手段显然是丝毫无济于事的。这里存在着颇有些像在经济领域中存在的严酷的市场选择和淘汰机制。当然，在这样的发展中，也有着多元化的要求。

多元化并不能成为贬低学术标准的借口，在这里所需要的，恰恰是有学术实力的多元化。对这一点，许多人还缺乏足够的认识。比如有的学者居然以自己写了书没有地方出版为荣，而以出版了畅销书为耻。其实真实优秀的学术著作，始终是有机会出版的。许多人因为自己没有进入市场，对此缺乏真切的认识。

有了你所说的尚属微弱的开端迹象，就是一种进步。当然，这一发展是否可以持续下去，就要看后继者们的努力了。我们培养学生，不也正是为了这种发展的持续吗？

原载《洛阳师范学院学报》28卷1期(2009)

正编

南腔北调

49

一个实现了全球霸权的杂种

——关于《玉米与资本主义》

□ 在我们谈论过的书中，这恐怕是第一本墨西哥著作（中译本是从英译本转译的），这当然与欧美的文化强势有关。其实本书的作者应该也算是得到了欧美学界青眼的人，据说他因为一本题为《向目标进发》的书而“蜚声美国”。否则的话，恐怕他仍然不容易有机会进入中国公众的视野。

写植物的故事，包括它的前世今生，它的生物学、经济学、政治学、人类学等等，往往也是相当有意思的。比如前些年译介进来的《植物的欲望》，写了苹果、郁金香、大麻、马铃薯四种植物的故事，非常引人入胜。而这本《玉米与资本主义：

一个实现了全球霸权的植物杂种的故事》，则专讲玉米这一种植物的故事。对于这样一个故事，我是比较容易发生兴趣的，想必你也是如此吧？

■　当我最初在书店看到这本书，先是被它的名字所吸引，看过简介，便毫不犹豫地将它买下。后来，当我们商定要谈这本书，而且比较认真地读过这本书之后，我发现，其实它与我原来对它的预想并不完全一致，并因而还有一些略为失望的感觉。

之所以这样说，也许是与前不久我读到刚刚出版不久而且我曾应编辑之邀为其写过导读的另一本书相比较的缘故。那本书是印度女学者席瓦所写的《失窃的收成》（其实以后我们有机会能谈谈那本书也很不错），主要是偏重写印度农业在全球化时代的变化及其因西方发达国家对转基因技术的垄断等，而给印度农业带来的诸多严重的问题。在我原来预想中，这本关于玉米的书，也许会有相似之处。但实际上，阅读过后，我发现这本书更像是一本玉米的社会史，是以玉米为线索，在谈论与玉米这一农作物发展传播相关的各种的经历、历史等内容。当然，就像你提到的《植物的欲望》那本书那样，如果只是从一种兼具可读性、知识性和文化含量的读物（尽管这本书有相当的、或者说从初衷上基本就是一种学术研究的取向）而言，当然它也还是颇有价值的。

□　真的吗？这让我感到相当程度的“欣慰”，因为我也有失望的感觉。可是我不太敢说出来，因为某种“政治正确”的观念在隐隐约约地影响着我。说来好笑，这让我联想到我们评审基金项目之类的事情——在这类评审中，总是要求评审者对来自“中西部地区”、“老少边穷地区”的申请降低标准。那么这部《玉米与资本主义》，似乎可以算是来自“第三世界学者”，好像我们对它也不应该像对欧美作者那样“求全责备”？当然，这种说法也许会被本书作者视为另一种歧视。

我倒不反对本书成为一本玉米的社会史。但是我觉得作者的视野似乎有些狭窄，而且有些地方不无牵强附会。比如在题为“玉米在中国：半个地球以外的冒险故事”的第四章中，我本来期望看到一些关于玉米和中国的关系的有趣论述，结果却发现这一章里谈到中国的内容连三分之一都不到。事实上，作者对中国情况的了解完全依赖第二第三手的西文材料，所以只能引用西方学者的论述，而且其中还不无似是而非之处。那他又何必为这一章取这样一个名不副实的标题呢？

■　也许我们在这里再一次看到了一本著作之书名的魅力和误导。其实，也许因为我们在头脑中有了某种定势，看到这样一个标题，会想象它应该是按照某种学术理念和叙述方式来写，但结果却与预期不太相符。也许，在课堂上如果给出这样一个标题，让学生们一起讨论这样一个题应该如何去做，倒不失为一种有意义的训练。

除了上面说的问题之外，在此书的英文版译成的寄语中，还提到它“是一本人类学案例研究范本”，而该书作者在其前言中，也强调此书“另一特点是人类学的视角”。我觉得，在这方面也存在着某种误导的可能性。因为我在被诱惑买下此书时，人类学的视角也是重要的吸引因素之一，然而在阅读的过程中，却颇为失望地发现，其中几乎没有什么典型的人类学视角和理念的体现。真不知为什么作者和英译者会这样讲。

因此，我想，我们是不是可以这样评判此书，它有一个非常诱人的标题，但略有名不副实之嫌，不过，如果抛开这些更前卫的学理性的期望，而只把它作为一本介绍玉米的社会史的一般普及著作来看，还是可以作为一本使读者有所收益的书的。你同意这样的判断吗？

□ 这我完全同意。而且还不止于此，因为写某一种植物的社会史，本身也是饶有趣味的。如果这样来考虑选题，其实红薯是一个特别好的题目——不知是否已经有人做了。如果写一本《红薯与殖民主义》或《红薯与人道主义》，那其中至少“红薯在中国：半个地球以外的冒险故事”这一章就会非常精彩了。

不过，这本书还有一个让我稍感失望的地方。出于科学史的专业嗜好，我本来期望在本书中看到关于玉米的来源、培育、改良等接近于“农业史”的充分论述。记得在《植物的欲望》一书关于大麻的论述中，就有许多关于大麻品种培育、改良的史料和故事，构成了关于“大麻科研”的丰富图景。可是在这部《玉米与资本主义》中，作者看来对科学方面的事情不感兴趣，几乎没有专门的论述，更没有为这方面的内容安排专章。

当然，这也可能是因为玉米本身比较简单，不像大麻那样有很高的“技术含量”？我想在这个问题上，我至少可以找到一个理由为本书辩护：因为玉米在任何地方都是合法的种植物，而种植大麻在世界许多地方都是非法的，这就强烈要求大麻的种植者研究出生长周期尽可能短、毒品含量尽可能高的品种，而玉米作为一种合法的种植物，基本上没有这方面的压力。所以,玉米可能确实比大麻简单得多。

■ 我倒并不认为因为玉米“简单”,因而其故事也就相应地简单的说法。因为玉米还有普及性极强的特点呢!但从这些有关植物(或“作物”)的著作来看,似乎类似的题材已经是一大类图书的选题方式了。我记得,在英国就曾看到过一本题目好像是叫《大黄:一种神奇的植物》的书(抱歉因记不清可能书名不很准确),专门讲大黄这种在中国现在只作为药物的植物,在传播到英国后的经历的故事,因为英国人现在已经把大黄作为一种很常见的蔬菜了,而且经过这段演化今天英国的大黄也与中国的大黄很不一样了。那本书也还是一本畅销书呢!

因此,我觉得,一本书所撰写的对象可以很不相同,但这还不是最关键的,一本书的书名很重要,但要真正名副其实也不容易(这还不算连个好的创意都没有的那些平庸之作),关键和重要的,是作者,是作者的眼光、能力和驾驭相关题材和创意的本领。否则,虽然还不能算是到了“挂羊头卖狗肉”的地步,至少,我们还是希望更多地了解玉米这种你我都曾吃过不少的作物与资本主义真正的“关系”的。那样的话,也才算是一种更好的研究、普及和传播。

(《玉米与资本主义:一个实现了全球霸权的植物杂种的故事》,〔墨西哥〕阿图洛·瓦尔曼著,谷晓静译,华东师范大学出版社 2005 年 11 月第 1 版,定价:19.80 元。)

50

科学对迷信:究竟谁胜谁败?

——关于《科学是怎样败给迷信的》

□ 这本书的书名十分引人注目,甚至可以说是十分耸人听闻。

我们早已经习惯于讲科学取得的一个又一个的胜利了,忽然见到科学“败给”迷信之说,自然会有一些惊奇之感。本书作者认为,19 世纪那种科学家积极介入科普领域的局面,到了 20 世纪就开始改变了,而迷信披上了“科学”的新外衣,采取新闻、广告之类的形式来传播自己。喜爱迷信的媒体开始与传统科普争夺地盘,神秘主义思想,甚至迷信都被广泛容忍。作者认为,到 20 世纪,科学家逐渐撤出科普阵地,于是,主要是一些记者接管了向外行听众介绍科学的职责。

到20世纪中期,科普活动中进一步渗入商业利益,成为广告宣传的附属品。所以作者得出科学"败给"迷信的结论(至少在美国是如此)。

但是,作者的上述结论,至少有两个问题。

首先我想听听你的意见:上述结论能否作为一个事实被认定?

■ 我倒是想也先来谈谈这本书的书名,以及书名和内容的关系。

初看到这本书的书名时,我也为其所吸引,想看个究竟:科学到底是怎样败给迷信的(或者按照原书英文书名不那么简洁地译成:迷信如何取胜、科学如何战败)。但读过全书,发现这个书名其实可能有一点误导,一般人看了书名的理解可能是认为其中会大量讨论科学与迷信的战斗,其实,这本书基本上可以算是一本美国的科普史,只是在最后一章中,才相对多地涉及到了科学和迷信的问题,而且,尽管其中也用几乎是只言片语谈到了像占星术、通灵人等问题,但作者在这章中谈论的迷信概念,似乎也不是很明晰,至少是相对于我们的理解要更宽泛。

正因为如此,你说的"结论",我觉得如果简单地认定的话,虽然也不是完全没有道理,但还不是对此书的主体内容的全面概括。而我,更愿意把这本书作为一本美国科普史来读,就此而言,书中所包含的信息确实是非常丰富的。

□ 如果"科学在美国败给迷信"这个结论不能成立,那本书的书名就不仅是名不副实,而且是歪曲事实了。我想作者自己一定认为这个结论是可以成立的，否则不会定下这样一个书名。但是，如果该结论成立，问题就更加严重了！

我们知道，正是在过去的一百年中，美国从一个二流强国变成了超级强国，而且牢牢占据了世界上科学技术最发达国家的位置。认定这个事实，恐怕比认定本书所说的在过去一百年中“科学在美国败给迷信”这个结论更无疑义吧？

那么现在问题就来了：

如果我们相信一个国家科学技术的发达必然与科普的进展同步，那我们只能认为本书作者危言耸听，歪曲事实。

如果本书作者没有危言耸听，歪曲事实，那我们将得出更为惊人的结论：本书作者所说的这种“科学在美国败给迷信”的现象，对美国科学技术的发达是有利的！或者稍退一步来说，至少也是无害的，因为这种“科学败给迷信”并未妨碍美国在过去的一百年中成为世界头号科学技术强国啊。

■　我觉得，以上述说法来做结论，可能会有些简单化。首先，还是对于该书作者对于迷信这一概念的使用的问题。除了包括了我们在日常语义里经常使用的那层含义之外，我觉得它似乎包括了作者在中文版序中所说的“某些狭义的迷信思想和广义的非理性信仰”，或者是译者钮卫星在译者序中所讲的，“一种迷信的功能等效物”。因而，当我们想到作者提出的在美国科学败给了迷信这一结论时，一定要有这样的理解背景才好。

其次，也正如该书译者钮卫星在译者序中和在他的邮件中所强调的，这种"败"，并非是在实验室和专业领域内的科学的"败"，而是在公众的、普及层面上的"败"。因而，在这样的区分下，我觉得，问题似乎也可以这样问，即，一，美国这样一个在科学研究和科学普及方面都很发达的国家的经验，提示我们去思考，科学究竟是否能够在公众的层面上普及（尤其是在今天科学日益专深的情况下）；二，这种在不同层面上的败与不败，在什么意义上提供了一种多元并存的局面，这种局面在美国社会形成的原因是什么，它对于美国社会的发展究竟意味着什么？或者反过来说，公众层面上迷信的胜利，与美国专业科学的发展，究竟是一种什么样的关系？

□　你说的两点，相互之间可能是有关联的。随着科学日益专深，在公众层面上的普及可能会越来越困难。而随着向公众普及的日益困难，则迷信在公众那里胜利和科学在专家那里发展，恐怕就可以并行不悖了。近日又和钮卫星教授讨论此事，他认为这两者之间干脆就是没有关系的，倒也不失为一种可取的解释。

不过，虽然本书作者对于他所描述的现状甚为不满，我倒觉得他所谓的"科学（在公众普及层面上）败给迷信"，或许不妨理解为"唯科学主义在公众普及层面上不再一统天下"而已。容忍对科学的质疑和批评——不管是在学院里还是在公共媒体上，只会对科学的发展有利。而如果以迷信之法宣传科学，以信仰宗教的心态崇拜科学，那对科学本身的发展也是有害的。事实上，最不允许从理论上对科学质疑的国家，并不是科学最发达的国家。就像美国能容忍乔姆斯基（Noam Chomsky）这样的批评者，批评它的霸权政策和理念，但这并不妨碍（甚至很可能是有助于）它在实际上获得霸权。

■ 你这样的说法我是同意的。在这里，实际上已经超出了我们传统中就科学说科学的范围，而进入到一个社会体制对科学的对待的问题了。也就是说，在科学自身的层面上，它可以在许多方面显示其力量，但是否为社会和公众所接受，还要受到社会体制和意识形态的诸多制约，而并不就天然地会为社会和公众所无条件认可。尽管，我们完全可以理解，作为一种利益的代表者，科学一方当然希望完全地战胜迷信，而最终能否战胜，则并不完全取决于科学自身，也并不像一些人所想象的那样，科学只靠自身的力量就一定会大获全胜。当然，我们在这样说时，是在更严格的意义上指那种标准的、主流的当代科学，而如果仅以这样的科学作为唯一标准，其他一些在多元科学观中也可被视为“科学”的东西，反而可能会被认为是迷信。

像在美国社会中，这种社会体制对于多元的意识形态，以及对于多元的“科学”，甚至是对于迷信的宽容的认可，对于科学自身、对于社会发展等等来说，其结果是什么样呢？我想，美国的例子摆在那里，这已经不需要我们更多地讨论了。

随之而来的另一个重要问题，那就是我们这里现实是怎样，以及应该怎样了。我们当然可以说，中国是中国，美国是美国，美国的经历不一定适合于中国。但是，一方面，美国的经历为我们提供了一种可能性，其中部分的道理总是存在的。另一方面，也还有另一种相似性：如果真正就那本书中所谈的科学和迷信来说，在我们这里，在公众的层面上，至少还不能说是科学已经战胜了迷信。

（《科学是怎样败给迷信的——美国的科学与卫生普及》，〔美〕约翰·C. 伯纳姆著，钮卫星译，上海科技教育出版社 2006 年 7 月第 1 版，定价：36.00 元。）

51

关于“科学大战”:有话好好说

□ 刘兵兄,看了这本书,我先是开始怀念电影《有话好好说》,接着开始羡慕本书作者们当年的工作情景:对立的两派学者,聚集在一起,第一天是“乘坐一艘小机动船游览南安普敦水上风光”,这过程想必将先前的敌意消除了不少;第二天是封闭式的深入讨论,“在达成相互信任和理解之后”,第三天举行公开讨论。这两派人,一派是 science studies(本书译作“科学论”,国内另有“科学元勘”、“科学的社会学研究”等译法)学者,另一派是对“科学的社会学研究”成果和从事者感到不满的科学界人士,或者说是某些秉持科学主义观点的学者。

之所以要搞这样一场温情脉脉的“有话好好

说”会议，是因为许多学者感到，上述两造的论战和交锋，在上世纪90年代后，火药味越来越浓，本来相当纯粹的学术争论，逐渐演变为“主要目的似乎在于公开地嘲笑对方”。所以希望大家有机会面对面坐下来，心平气和地陈述自己的观点，在此基础上充分交换意见，求同存异，各抒己见，以求将有关的研究从理论上向前推进。

回过头来看我们这里，上述两派虽然尚未正式形成，但有些言论倒是可以说“主要目的似乎在于隐蔽地陷害对方”。不过，近几年一年一度的科学文化研讨会，是否至少在某种程度上与南安普敦会议有异曲同工之处？

■　正如你所讲，在中国国内，似乎上述两派尚未正式形成，不过，倒也有一些相似的投影。当我们观看大洋彼岸的“大战”时，此地却也有一些局部的“战争”，尽管在队伍、实力、战场、战略和战术上都很有些不同。这样看来，似乎也还不太好进行严格的比较，一年一度的科学文化研讨会，也还很难说能与南安普敦会议直接相比。

虽然哪里都有哪里另具特色的矛盾和冲突，但是科学与人文的分裂仍然是共同的大背景，也是两种文化之分裂在新形势下的新表现。

西方的“科学大战”在打了若干年之后，有人搞了这样一个两派对话的会议，颇有些外交上要沟通和谈的意味，这种用心当然良好，编者甚至基于良好的愿望拟出了一个“一种文化”的书名——尽管后面还是加上了个问号。不过，我倒是很有些怀疑这样的和谈是否能给两派真正带来和解，是否能够真正带来和平。

但是，能否实现和平是一回事，有坐下来“有话好好说”的愿望毕竟是一件好事，也许，在多元的基础上实现一种“和平共处”也有可能。但是，这又与西方在学术批评和学术争论中的传统有关。在那种传统中，学术观点不同的争论双方在学术争论之外，以及在学术争论的过程中，基本上还是可以很绅士地共处的。可是，在我们这里就颇为有些不同了，我们在学术界，似乎很少有西方学术界那种真正限于学术问题而又认真严肃的学术批评。偶有批判，多半很快就涉及到学术之外领域甚至于人身攻击了，就像你所说的，在我们这里科学主义阵营一方在批判另一方时，动辄扯上意识形态，因而也就自然地出现了“隐蔽地陷害对方”的那种举动。

□　在本书的结语中，两位编者归纳出了论战双方在“有话好好说”会议后得到的三点共识，和一些不同的论点，以及一个问题清单，都很有意思。先看三点共识：

一、“科学论对科学的旨趣没有敌意，既不是它要处心积虑地反对科学，也不是它无意中的副产品要反对科学。”

二、“在这场科学大战的整个过程中，误解和误读扮演了一个重要的角色。”

三、“科学论是令人感兴趣的，并且可能是有益的研究领域。”

这第三个“共识”看起来就相当勉强了，很像两个关系紧张的国家首脑会谈后，发表的字斟句酌的联合公报中的措词。这正好可以印证你上面的猜测：这样的和谈是否能给两派真正带来和解？

我想，真正的和解恐怕是不可能的，未来和和平（如果能有的话），恐怕只能等待“普朗克定律”慢慢地发生作用。

但是开开这种“有话好好说”会议，起码也能对问题进一步澄清，对双方的观点减少“误解和误读”，总还是很有好处的。

■　这种说法我也同意。或者换一种思维方式，当我们努力地消除两种文化间的隔阂时，其实在深层也有不同的目标，比如，像此书标题显示的那样：一种文化！或者，是虽然能够沟通甚至部分的理解，能够和平共处，但仍然还是两种文化。对前一种目标，仔细想想，实际上是在要消除文化的多元性，而后一种则不是。因此，即使将来普朗克定律产生作用，在现有的两种文化的这种领域中，也未必一定就是只有合一的一种文化，更可能的，仍然会有各自相对独立的科学文化和人文文化——当然，它们的形态也许会与今天大为不同。有理想的情况下，它们之间也许会和而不同，不再像现在这样彼此敌对。那样的话，也许就是一种比较理想的发展了。

其实，抛开更远大的目标不说，这样的和谈也还是另有一些好处的。当双方真正以为了让对方理解自身而坦诚交流时，一些观点的表达会更加准确达意。至少，我在看此书时，就经常有这样的感觉，对平常一些经常有争议、有误解的问题，在双方的解释说明中，看到了许多更好、更明白的表述。

□　姑以欧美的情形言之，科学当然仍然无比强大，总体来说肯定占据着绝对优势，可是我看科学论方面却也丝毫不惧。非但不惧，势头还很强，“导数”是上升的，反倒是科学主义这一面，至少正在逐步丧失公众话语权。

回想当初，幼年期的科学论（如果已经可以这样指称的话），扮演的是科学的赞美者的角色，或者是某种“帮闲”角色，甚至好似主动投怀送抱却遭到轻视和冷遇的女郎——物理学家费曼“科学哲学对于科学家，就像鸟类学对于鸟一样毫无用处”的名言，就是这种轻视和冷遇的典型表现。

可是随着科学论的逐渐成长，它开始自立、自重、自强了，它已经不屑于再扮演“帮闲”角色了，它甚至开始批评起昔日赞美的对象了。最令科学方面感到意外和愤怒的是，在科学为大众的物质生活提供了如此众多的改善和便利之后，忘恩负义的大众和大众传媒，却和已经反叛了的科学论阵营日益亲近起来。

所以，在读此书的过程中，我产生了一个有点恶作剧的问题：在这场所谓的“科学大战”中，现在双方究竟谁更怕谁一点呢？

■　你提的问题确实很有意思。确实，科学家，或者说科学主义一方（因为并非所有的科学家都投身于这场大战中，更多的人是采取了置身于战场之外的策略，甚至对于大战并不感兴趣，所以讲科学主义一方，或者是好战的科学主义一方也许更为贴切）在这场战争中的激烈反应固然有因过去的高大形象被诋毁而怒从心头起的原因，但细想一下，恐怕还是有些恐惧感在里面的。你想，一个绝对强大的巨人会对一个不堪一击的弱小对手如此在意吗？通常，只有在实力大致相当时，一场大战才会持续打下去甚至难分输赢。因此，这场大战的出现，也确实表现出了一种社会权力结构的变化（这样说也是为了避免使用像社会进步这样的词句）。在新的权力结构中，科学主义者一方也要担心科学的权威和形象（尤其是在公众中的形象——因为正像此书中有人分析的，他们对只限于学术界讨论范围内的分歧要相对不那么敏感），在这背后，当然也有着像对于连带着会对其社会地位，尤其是资源分配带来的威胁。而另一方呢？一旦不再想做"帮闲"，在战争过后，就算输了（不过我们似乎并未看到这种迹象），又会失去什么呢？

但话说回来，其实，"现在世界上究竟谁怕谁"也许并不是最重要的。最重要的，还是安定与和平——我个人现在所倾向的是那种多元共存的和平，因为这种和平肯定不应是以科学论（说实在的我还是不很喜欢这种译法）无原则的妥协为代价的。

（《一种文化？——关于科学的对话》，杰伊·A. 拉宾格尔、哈里·柯林斯主编，张增一等译，上海科技教育出版社2006年8月第1版，定价：34.00元。）

52

女性主义眼中的中医和性别

——从《繁盛之阴》谈起

□ 刘兵兄，还记得几年前，有一次在北京，你和章梅芳花了快两小时时间，竭力试图说服我认识到“女性主义科学史研究”的意义和必要，遗憾的是结果因为我“顽固不化”，你们没有成功。近年常见你在文章中提到美国女学者费侠莉(Charlotte Furth)的工作，这本《繁盛之阴》一出来，马上使我想起上述往事。恰好此书又横跨我的两个研究领域——科学史和性学，更因为最近甚嚣尘上的“中医是伪科学”、“废止中医”之类的争论，这都使我很想和你来讨论此书。

此书作者多年来致力于研究中国妇女解放、中国女性与身体等问题，此书想必也可归入“女性主义科学史研究"的范畴。在本书第一章就提出的"黄帝的身体"概念,又使人联想到关于身体的研究,正是当下在国际上相当热门的领域。事实上,现今国际上时髦的学术路数,诸如性别、身体、文本、建构、解构、后现代……大量出现在这本书中,这是否表现了美国学者与中国学者的差别?

■ 是的,我还很清楚地记得我们那次的讨论。只是,不知现在你的"顽固"是否已经"化"了一些否?我觉得,从你在前面的两段话来看,似乎是有些"化"的倾向的。

不过,在直接回答你前面的提问之前,先容我说几句不算题外的话。早在十多年前,我写第一篇有关国外女性主义科学史研究的述评文章时,在快结尾时,曾有这样一段话:"在现有的大多数研究中,对社会性别的分析研究主要限于西方文化的传统。1988年,女性主义科学史家希宾格尔谈到:'我们还没有关于中国古典科学的社会性别的研究,也没有关于印度次大陆的妇女,及关于非洲或中美和南美洲的科学中妇女(或社会性别)的研究。'当然,如果女性主义科学史确有生命力的话,这些研究的出现也只是时间的问题而已。"这虽然算不上什么了不起的预言,但还是给说中了。因此,当我几年前在剑桥的李约瑟图书馆第一次看到《繁盛之阴》这本书的英文原版时,颇有如获至宝的感觉,并赶紧把它复印出来,带回国内。

如今,这本书的中译本能在国内出版,也确实是一件很有意义的事,能够让更多的中国读者更容易地了解西方学者对中国科学史的女性主义研究。我当然无保留地认同此书属于"女性主义科学史研究"的范畴,但觉得需要说明的是,它与你说的"性学",至少是与那种传统的、狭义上的性学，还是有些区别的。这或许也和书名中的一处误译有关。此书的副标题应该译成“中国医学史上的性别”，而不是“中国医学史上的性”。因为 gender 这一现在已经成为女性主义特有概念的词，如果要译成“性”，那是会给读者带来一系列严重的误解的。

□ 哈哈，别的地方我倒是“化”过一些，但在上面的问题上似乎仍无进展。

关于此书副标题的译法，我倒觉得并无不妥。此书中确实毫不躲闪地处理了某些“传统的、狭义上的”性学课题。例如，在第六章“养生：明代生殖和长寿的身体观”，作者相当内行地讨论了“内丹”——这正是中国传统性学中的典型题目之一。费侠莉正确地指出了内丹修炼者的宗旨“并不仅限于延年益寿，而是在于返老还童以至长生不老”——当然实际上是做不到的。一个外国人，对于“内丹”这样连许多中国人也搞不清楚的话题，居然能讨论得相当详细深入，谈得头头是道，还基本上没有外行话，那是很不容易的。我看至本书的第六章，开始对这位费侠莉有点佩服起来了。

■ 这恰恰正是问题之所在。也就是说，恰恰是标题的误译使人将注意力更多放在“性学”上，而不是性别上。实际上，虽然此书也大量涉及与性学有关的问题，但却绝不是一本性学著作，而是对于广义的科学史（其中主要是医学史）的性别视角的研究。

说到中外学者的差异问题，或者说，在涉及到性别研究，或涉及到与性别有关的研究，或涉及到可能与性别有关的研究时，显然差异是巨大的。去年，曾有一篇我与我的学生章梅芳合作的文章发表在《中国科技史杂志》上，题为“女性主义医学史研究的意义——对两个相关科学史研究案例的比较研究”，说的就是中外两个在主题上很相似的医学史研究（其中一个恰恰就是费侠莉的研究）之间因有无性别视角而导致的明显差别。虽然像你所说的那样，“身体、文本、建构、解构、后现代……大量出现在这本书中”，但此作者最突出的特点，还是性别的视角和理论，这本来也是在题目中所要点明了的。

但是，我还是想知道，为什么你可以在别的许多方面都逐渐“化”起来，却偏偏在“性别”研究上顽固不化呢？尽管我还是可以用包括在学术中的男权意识的牢固来解释这一现象，不过，还是想听听你本人的说法。

□ 我至今认为“性别”的视角可能不是必要的——“性别”的视角能够给我们带来的好处，在传统的视角中都可以得到。我想我们是不是也可以别对“性别”太在意了？当然，从宽容和多元的立场出发，我即使自己不使用“性别”的视角，也不会反对别人使用。

即使我仍然“顽固不化”地用传统的眼光来看这本《繁盛之阴》，吾兄也不必为费侠莉女士抱屈——因为我即使这样看这本书仍然非常有价值。

例如，在本书的论述中，作者看来是自觉地、而且相当成功地避免了许多西方学者常有的西方中心主义视角。所以她在谈论中国古代的医学时，能够在很大程度上“以中医之是非为是非”，而不是将西方现代科学的某些现成理念简单地往中医身上一套了事。这种简单一套的结果，通常只有两种可能：或者宣称中医就是科学，或者宣称中医是“伪科学”。

这当然会使我们联想到最近甚嚣尘上的所谓“废止中医”、“中医是伪科学”之类的争论。其实，与其为中医是科学还是伪科学争执不休（这种争执又经常要滑向意气用事），何如采纳费侠莉的做法，将中医当做中医去理解呢？反正有这样一门学问，它能够给人治病，有它的疗效，并且得到民众普遍的信任，那它就值得研究，它是不是科学则并不重要。

■ 你认为“性别”视角可能不是必要，而且认为其好处在传统视角中都可得到的说法，我无法同意。尽管，我也可以“宽容地”同意你以你的“性学”（而非“性别”）视角来解读此书，这亦有你的价值，但实际上，在许多女性主义著作（当然也包括女性主义科学史著作）中，如果没有了性别视角，一是不再成其为女性主义的研究，二是也绝不可能得出其中许多有新意的结论——这些结论在传统视角中是绝不可能得出的。实际上，这里涉及到的几乎是一个理论与观察的基本问题。正像物理学家海森堡曾讲过的，是理论决定了人们能够观察到什么。没有性别视角，就不可能看到在性别视角中看到的许多东西！正如没有人类学的视角，也无法得出人类学影响下的科学史研究的许多东西一样（费氏的此书亦有人类学视角的存在问题，只是没有性别视角那么突出而已）。

说到这里，我倒是似乎明白了你在回答中没有说出的东西：我们在性别视角这个问题上的分歧，其实还是表面的，如上所述，我们之间在此背后更本质的分歧，很可能是在科学编史学层次上的。

仅仅一本书能够引起如此之多的讨论和问题（姑且不

说那些我们一致同意的、有新意的结论),这样看来,这本书的价值就已经是颇为重大的了吧。

(《繁盛之阴——中国医学史上的性:960—1665》,〔美〕费侠莉著,甄橙等译,江苏人民出版社 2006 年 7 月第 1 版,定价:25.00 元。)

53

是谁再造了病人?

——关于《再造“病人”》

□ 这本书的书名就是令人惊异的——再造病人?难道病人是被重新(或故意)制造出来的?但事实上,如果我们平心静气地来阅读这本书,就会意识到许多有待深省的问题。比如作者在导言中说:“在整个19世纪和20世纪初期的西方,疾病隐喻变得更加恶毒、荒谬,更具有蛊惑性。它把任何一种自己不赞成的状况都称做疾病。”而这些恶毒、荒谬和蛊惑性,当然也随着列强的坚船利炮打开中国国门之后长驱直入了:“得病的身体作为一种文化的隐喻和载体,内涵和边界日益扩大,甚至暗喻着中国国土疆界被频繁侵害。‘身体’疾病通过西医的治疗实践逐渐变成了形形色色的国家政客、现代知识精英、地方士绅和普通民众发挥想象的场所。”

对于我个人来说，最初，和大多数人一样，认为西医作为一种“科学”，它挽救我们的生命，保护我们的健康，解除我们的病痛。后来，知道西医至今也不是精密科学，但至少在一定的百分比上，它仍能挽救我们的生命，保护我们的健康，解除我们的病痛。再后来，从科幻小说中，读到大医药公司如何故意散布病毒，使人们不得不依赖他们的药品，从而获得巨额利润之类的故事（如玛格丽特·阿特武德的《秧鸡与羚羊》），但总认为这只是小说家的幻想而已。到了现在，尽管在现实生活中已经看到了无数医德败坏、药价黑幕之类的事情，但总认为这只是少数人道德败坏，或制度设计不尽合理而已。

但是，本书中的这些言说，确实是我先前未曾想到过的。

■ 是啊，我除了读此书之外，还曾当面听过此书作者的报告，讲的也是书中的部分内容，因而，更有一种直接的感受。说起来，当我们把医学仅仅当做“科学”的时候，一是犯了一种简单化的错误，忽略了甚至包括西医在内的医学同时具有的其他维度，二是内心中的科学主义仍在作怪。其实，我也注意到你在谈医学作为“科学”时，科学二字是打上了引号的。即使在最一般的理解中，至少临床医学不是我们在狭义上经常所称的标准科学，这样的说法也是很常见的。

但是，读此书，显然收获不仅仅于此，而是让我们对于医学和病人有了更为全面、更为深刻的理解。特别是放在中国的语境中，也让我们对于“何为中医”这种目前已是争论得极为火热的问题有了更多的思考。而且，在这本书中，作者以历史学家的身份在写作，但其视角和写作方法，又绝不是那种在历史学中传统的方法。在书中，我们可以看到各种最新的学术主题、观点等等散布在全书各处，但正是这些新的视角和观念以及叙述的方式，才使我们对于作者所考察的在特定时间段里中国的医学的发展演进有了更多的认识。

还是在这里先讲一点小问题。此书封面上印有标题的英文翻译，是“Remaking ‘Patients’”。可是我觉得，这里译得有些硬，如果不用 Remaking，而是用 Reconstruction 或 Reconstructing，无论在对作者原意的表达的准确性上，还是在英文相关学术要领的习惯用法上，都会更好、更贴切一些。

□　是的，我赞成用 *Reconstructing Patients*——在传统的中文表达中，“再造”通常都有“重新建构”之意，比如以前一个新的王朝建立起来，就被称颂为“乾坤再造”。我甚至觉得，书名中的“病人”二字上的双引号也可以省略，这样更能使书名有振聋发聩之功。

围绕着“再造”这个概念，作者大量使用文化人类学的方法，考察西方现代的医疗理念和制度，在 20 世纪初期是如何逐渐进入中国的政治话语和社会生活，并最终取得支配地位的。在这一过程中，伴随着大量的斗争和争夺。

因为在西方现代的医疗理念和制度进入中国社会之前，中国社会中本来也有自身传统的行业来发挥同样的功能。比如中医为民众提供医疗药品服务，“稳婆”或“吉祥姥姥”提供婴儿接生服务，“阴阳生”负责死亡鉴定服务等等。但这一切在现代化的西医看来，都是愚昧和迷信，都在必须扫除荡涤之列。如果民众不能很快“觉悟”，对这些东西还留恋不舍，那就不惜用行政力量、甚至更特殊的手段来扫荡之。本书作者依据大量第一手文献史料，详细描绘了在中国城乡发生的这种扫荡的过程，并从中揭示了不同利益集团之间对政治话语和社会资源的争夺。

■　正是因为如此，因为此书的写作揭示了一些人们不容易想到的方面，使得医学这一领域的复杂性跃然纸上。目前，国内正有一场关于医学的大争论，其中，有要求彻底废除中医者，有称中医为伪科学者，也还有形形色色的各种观点，其中一些观点的提出者，甚至本人还是科学哲学的专业人士。不过在我看来，与杨念群这位历史学家(而且是典型的新派历史学家)相比，那些人几乎不能说是了解了医学是怎样一回事。

非常有意思的是，在国外，在广义的科学史研究界，按照美国科学史家席文前些年提供的数字，研究中医史的历史学家人数占有压倒性优势，而在我们这里，却反而是那些不懂医学，更不懂医学史的科学主义者们的声音叫得最响，也带来了很大的误导作用。也许，这与我们这里研究医学史的人的专业背景有关，他们大多还是在那种特别传统的历史观的指导下从事研究，因而很难有一种更有文化感和新观念的成果出现。正因为如此，相比之下，我们曾谈过国外研究者费侠莉的那本《繁盛之阴》，其实，国外学者白馥兰的《技术与性别》一书，里面也同样有很有创见、很有启发性的中医史的研究，而我们现在所谈的杨念群的这本著作，则更有本土研究的风格，同时，又具有着鲜明的现代，或者也许应该说是后现代的意识。由此，我们再一次看到，科学观和科学史观以及史学研究方法研究在很大程度上决定了历史研究的质量和新意。

□ 本书所采用的文化人类学方法，给我印象颇为深刻。这种方法的应用，在我们传统的医学史著作中是完全看不到的(本书当然不是一本传统意义上的医学史著作)。

例如，本书的第三章"'公医制度'下的日常生活"，其中有"'警'与'医'：分分合合的轨迹"一节，讨论了20世纪上半叶中国城市中的早期"公医制度"，竟是和警察制度密切结合在一起的。在相当长的时期，公共卫生部门甚至就是警察系统中的一个部分。在这里可以清楚地看到政治权力是如何介入市民的日常生活的。

又如，在第四章"现代城市中的'生'与'死'"中，描绘了坊间传统的接生婆及其营生是如何被现代的医疗机构所取代的，特别是其中的"产婆关印氏"、"徐小堂喊告"和"三种不同的声音"三节，分别考察了20世纪30年代北京城内三起产婆与"保婴事务所"派出人员及产妇之间的诉讼个案。从书中披露的原始材料看，"保婴事务所"方面有时也很可能采取了某些不公正的手段，力图打压和取缔民间产婆的营业资格。而当时即使产婆被取缔了营业执照后，仍然有市民请她们前往接生。

所有这些细节，让人看到这样一幅图景：现代科学技术有时并不是仅仅依靠它自身的有效性而被公众自愿接受，而是要借助于别的力量(比如行政的力量)强迫公众接受的。对于医学这种迄今也还未成为精密科学的学科来说，情形更是如此。

■ 我觉得，此书采用的方法，又不仅仅限于文化人类学，诸多后现代的视角和方法，都在此书中有所体现。如果从此书作为探讨中西医冲突的主题来看，你所列举的论题都是很有意思、很引人注目的，其实，此书中像这样有吸引力、有新意的话题还有许多许多呢！而且，除了你所重点提到的那些问题之外，我也还更感兴趣的是在这种对于“冲突”的重构背后，在全书中所渗透着的对于医学的理解。这种理解，绝不是那种只学会了一些具体的医学知识就能达到的。就像我前些日子看一本美国关于技术素养的报告中的说法：作为专家的工程师们并不天然地就是具备理想技术素养的人！此话搬到医学的问题上似乎也同样适用。因此，此书的意义也是多重的。除了作为历史文本的启发性意义之外，对于我们更好地理解医学究竟是什么的问题，对于医学素养（如果可以这样讲的话）的提升，它也同样具有着重大的现实意义。

（《再造“病人”——中西医冲突下的政治空间（1832—1985）》，杨念群著，中国人民大学出版社 2006 年 3 月第 1 版，定价：36.80 元。）

54

十年重读《小世界》

□　刘兵兄，我们俩人都喜欢的小说《小世界》又出了新的译本，新书想必你也已经拿到了。15年前，《小世界》第一个中译本问世。我最初并未注意到此书，回想起来，还是你向我推荐的呢。记得当时我正在为我的《世界历史上的星占学》一书编索引——那时可是要用手工编的！这活儿非常不好干，无聊而痛苦。我编一会儿索引，读一会儿《小世界》，如此交替进行，一周后索引编完，小说也读完了。有趣的是，我们俩人当时不约而同都为《小世界》写了书评。前些天在上海召开的《小世界》新译本研讨会上，我们俩人当年的书评都被出版社找出来印在会议的资料中了。

老实说，我当年读《小世界》时，对各种后现代的理论和玩意儿几乎毫无接触。虽然对于戴维·洛奇在小说中所采用的类似“圣杯传奇”的结构，对于人物名字中的隐喻之类，我倒是有一点点相关的知识背景，但我完全没有将这些拼贴、隐喻之类的技巧与“后现代”联系起来。15 年过去，这期间我对“后现代”有了一些了解，也接触了更多的西方现代小说，现在再重读《小世界》，我的感觉好像与上一次很不相同。上次读它时的那种类似“惊艳”的兴奋感，这次不见了。这使我略有一点沮丧。

所以，我首先就很想知道你此次重读——如果你重读了的话——的感觉。

■　这次读了一些，但没有读完。不过，在此之前，我可是读过不止一遍。这已经是我见到的第三个中文版本了。记得，第一次读此书，有一定的偶然性，看的是 1992 年重庆出版社的版本，当然，也颇有你所说的那种“惊艳”之感。因而，对洛奇这位作家留下了极深刻的印象。后来当作家出版社又推出洛奇的系列著作时，就一本不漏地全买了回来。而这次，则是在看上海译文出版社出的第三个版本了。

在最初读过《小世界》时，我曾向一些朋友(就像你所记得的也包括你)大力推荐了这部小说，不过，对于被推荐者，还是很有些选择的，因为我觉得并不一定是所有的人都会喜欢这部小说，但能够喜欢它的人，肯定应该是与自己有某种共同的欣赏趣味的。后来的结果也确实证明了这一点。

你问我重读此书的感觉，我想，在不那么有“惊艳”感这点上我们应该是共同的。但经过这些年对后现代的接触，也派生出另外一种不同的感受，即对其中一些内容理解得似乎要更多了一些，有了更多的意会，因而，我不会为读后感觉的不同而沮丧。

□ 你说的三个版本我也都有。确实，仅仅这一点，也足以说明我是不应该为惊艳不再而沮丧了——已经是第三次见面了啊！

《小世界》里充满了智慧的洞见，最近戴维·洛奇在接受采访，谈到他构思《小世界》时，一度为寻找一个故事结构而绞尽脑汁，“（后来）当我想到关于亚瑟王、圆桌骑士和圣杯的传奇时，局面就豁然开朗了。因为我所熟悉的学术环境确实与这些传奇不无共通之处”。这段话让我感到十分鼓舞！我二十多年前成为“金（金庸小说）迷”中的一员，虽然金迷无数，但我之所以迷上金庸，理由与绝大部分金迷不同——我就是“因为我所熟悉的学术环境确实与这些传奇不无共通之处”。

甚至可以说，洛奇借用古代骑士传奇构造了他描绘当代学术生态的《小世界》，金庸则借用当代文坛（当然也可以包括学术界）的结构和机制构造了他的武侠世界。在意识到古代与当代的某些“同构”这一点上，洛奇与金庸是相通的。

因为洛奇上面的话可以印证我先前的看法：洛奇认为古代骑士世界与当今学界相通，而我认为金庸的武侠世界与当今学界文坛同构。当然，无论是亚瑟王和圆桌骑士的世界，还是金庸笔下的武侠世界，其实都是人为建构起来的，但是洛奇上面的话表明，我对于当今学界生态环境的感觉，至少和他的感觉是类似的。

■ 在我的感觉里，阅读《小世界》倒是可以更加深对于后现代的理解。甚至可以说，这部小说与《红楼梦》有一个共同的特点，即不同的人在其中都可以读出不同的东西来。我所尤其感兴趣的是，作者可以通过故事情节的叙述，将各种后现代的要素巧妙地融入其中，大量运用各种象征、隐喻的手法，将整部小说化为一种对后现代理论的阐述，当然，这种阐述是隐含在故事之中的。

除了在学术的意义上阅读、理解和思考《小世界》这种方式之外，人们也还可以从其表面上看似荒谬但却与现实又颇有吻合的情节中获得会心的共鸣，例如像对于那些教授们穿梭在会议中，对学术研究随心所欲地胡来等等。这恐怕也就是你所说的在对当今学界生态环境的感觉上的同感吧。当然，这也是一种阅读方式，一种与关注情节背后极强的学术理念有所不同的阅读方式。但在这两种阅读方式之间，似乎又有某种关联，就像对很有些说不清道不明但又实实在在地影响着人们的思考的后现代理论一样，也许后现代观念本身也同时意味着对于自身的反省和解构。

□ 说起《小世界》让我们联想到的许多学术界的趣事，我想起在我自己的学术生涯中，就见过一位“扎普教授”。他是×国人，当然远没有《小世界》中的扎普教授那种地位。这位教授有几年时间里，在我遇到他的所有学术会议中，永远都做同一个演讲——关于某个古代仪器的复原。那时还没有流行微软的 power point，大家演讲时要用透明薄膜做投影，这位教授将薄膜做成 A4 尺寸的幻灯片——有硬质的边框保护，这样薄膜就可以反复使用而不损坏。这当然还算不上“对学术研究随心所欲地胡来”，但在我们当时看来，也就够夸张的了。

在当年的那篇《小世界》书评中，我曾说过这样的话：“中国的扎普教授们已经成长起来，更多的柏斯们则正在攻读博士学位。”现在看来，我们这里的情况“发展”极快，竟已经出现了相当荒谬的情景，比如学术上的“量化考核”导致学术泡沫弥天而来——出版了无数专著，发表了无数论文，召开了无数会议，提升了无数教授，扩招了无数博士……总而言之，许多场景已经极具反讽意味了。

那天在上海的《小世界》新译本研讨会上，不止一个学者表示自己曾动过念头写一本当代的《围城》或《儒林外史》——因而也就是写一本中国版的《小世界》。这种想法其实是相当普遍的，当我们目睹身边学术界的种种可笑之处时，很容易产生类似的冲动，只是通常我们都没有洛奇（或钱钟书）的文学才能，所以也就只是冲动一下而已。

■ 我想，我们之所以对《小世界》中的情节如此感兴趣，有共鸣，也许与我们身处学界，更为熟悉学界之现状有关。尽管学界现实存在的问题与《小世界》中虽有夸张但却体现了其最荒谬之处的描写如此一致，但在我们生活的大千世界中，学术界毕竟还只是一个“小世界”，在这个“小世界”中也上演着与此外的大世界里其他小世界类似的剧情。洛奇以后现代的视角所描述的小世界的种种境况，其实只是在后现代的有色眼镜下看到的一个具体的圈子内形形色色的场景，倘若将这样的写作延及到其他领域，恐怕也会写出一系列的《围城》和《外史》。

这样的思路也让我想到另一个问题：如果作者不是一位出色的后现代学者，没有了后现代的理论准备，他是否也还能写出对学术界如此入木三分的精彩描述吗？也许能，但肯定会有所不同。我们经常讲理论如何抽象、脱离实际，但在这里，我们还是看到了一个理论融入文学写作的实例。这也许是后现代的意义及其与现实生活有密切联系的一个有力例证吧。

（《小世界》，戴维·洛奇著，王家湘译，上海译文出版社2006年12月第1版，定价：28.00元。）

55

失窃的收成能找回来吗？

——从《失窃的收成》谈起

□ 刘兵兄，还记得那天我在你办公室电脑上拷贝的几首"花儿"的歌吗？其中有一首《喜唰唰》，眼下正相当流行，歌中唱到："拿了我的给我送回来！吃了我的给我吐出来！欠了我的给我补回来！偷了我的给我交出来！……"我忽发奇想，要是这本《失窃的收成》的作者范达娜·席瓦能听懂这首中文歌的话，她一定会别有会心——这几句歌词，不正是席瓦想要对西方跨国公司怒吼的吗？

其实席瓦说的跨国公司在印度的那些事，有许多在中国也同样发生着，但似乎未见中国学者发出像席瓦那样明确的质疑和抗议。因此对席瓦的说法,我不敢百分之百相信,她或许也有些偏激之辞。不过,考虑到她指出的这些问题,在我们这里往往还没有被人们注意到;考虑到她认为某些对当地非常有害的事情,在我们这里往往还被认为是大大的好事,《失窃的收成》这本小书就显得相当有意义了。

■ 如果说到意义,我想,也许大致可以归结为这样几点。其一,作为一位在国际上非常著名的"第三世界生态女性主义"学者,这是她第一本译成中文的著作,虽然此书并非专门谈论生态女性主义,但实际上在此书中,又确实表现出了第三世界生态女性主义的一些特点,包括对于第三世界所面对的特殊的社会发展与生态环境问题的关系的注重。其二,此书是国内不多的深刻地反思在"全球化"的背景下,第三世界国家与那些跨国公司的复杂关系,并警示性地提醒人们注意第三世界国家这样的发展道路所面临的可能的陷阱与危机。其三,仍是与生态女性主义和有关第三世界问题的立场相联系,对于许多以应用最新的科学技术手段来促进发展的批判和反思。总体来说,也正像我在其导读中所讲的,这是一部重要的对"全球化"背景下第三世界的"发展"问题的反思性著作。

在这样的背景下,席瓦在其著作中如果说表现出某种偏激的话,我觉得倒很自然,因为那种四平八稳的学术讨论,恰恰不是其特色和风格,而且,也正因为其偏激,才使其著作有一种特殊的冲击力和震撼力,才令人警醒。当然,说她偏激,也与我们平时对其学说背景(即所谓第三世界生态女性主义)相对陌生有一定的关系。

□ 这几天因为我们正在讨论这本书,我就稍微留意了一下关于印度的报道，看来《失窃的收成》这样的书出自一个印度学者笔下，还真不是偶然的。我的感觉是，印度民众对于外国资本的反感，似乎比中国民众要强烈。

例如最近印度西孟加拉邦发生农民与警察的流血冲突，导致 14 名农民死亡，邦政府不得不宣布搁置经济特区计划。这一事件的起因，是由于政府的经济特区计划需要征用农民的土地，而农民不愿意失去土地，最终酿成流血冲突。在这个事件中，一方是印度的农民，一方是外国的跨国公司，还有一方是印度政府。农民和跨国公司冲突，政府虽然乐意让经济特区计划得以实施，但闹到民怨沸腾的地步，政府也不得不让步。

这使我联想到《失窃的收成》第二章中谈到的芥子油问题。印度农民本来主要食用芥子油，乡村中的小型芥子油作坊和作为消费者的农民，在席瓦笔下被描绘成一幅不乏田园牧歌色彩的和谐图景。但跨国公司的大豆油打进来了，大豆油要抢占市场，就要打败芥子油。最终一次神秘的"芥子油掺假"事件让印度政府下令禁止一切芥子油的生产，于是跨国公司大获全胜，印度人民从此改为食用大豆油。这个故事中也是一方为印度农民，一方为跨国公司，还有一方是印度政府。只是在这个故事中，印度农民的反抗没有成功。

■ 印度农民的反抗是一个方面，不过，反抗是否普遍，以及成功与否，与社会文化和体制关系很大。不过，在这里，我倒更为关注问题的另一个方面，也即在这些反抗背后的理论支撑问题。

在以前的谈话中，虽然我们在某些问题上观点不尽一致，但至少我们都注意到女性主义理论的进展。而在当代女性主义理论的发展中，超越原来主要以西方（以及中产阶级、白人女性）立场为主的生态女性主义的一个进展，就是第三世界生态女性主义的出现。我曾指导过一个学生做过有关第三世界生态女性主义的一篇学位论文，其中席瓦就是最有代表性的人物之一。第三世界生态女性主义其实与我们这样一个发展中国家的现实是极有借鉴意义的，它站在女性主义的立场上，对于发展中国家所面对的各种实际问题，如生态问题、环境问题、科学和技术的应用问题、医疗问题等等，包括像这本书里所讲的农业问题（其实这也与像转基因这样的高新技术密切相关），都有着特殊的注重和独到的批判性反思。令人遗憾的是，像这样的新理论，在我们这里却传播甚少。这恐怕不能说不算是学术界的一种失职。

□　我也注意到了国内在这方面的欠缺。比如在《失窃的收成》中，席瓦对于对虾养殖投注了很大的注意力，她认为：欧美的富人自己要吃对虾，但人工养殖对虾对环境破坏很大，所以跨国公司就让印度等发展中国家来养殖，他们来收购。结果是欧美的富人可以源源不断地吃到对虾，而印度的沿海地区环境迅速破坏。类似的故事也在其他发展中国家反复上演，而发展中国家的地方政府有时还为自己的地区可以"出口创汇"而沾沾自喜呢。这种"先脱贫要紧，环境问题以后再说"的心态，在中国也经常可见。

你说到学术界的失职，使我想起了一个问题。其实我们现在某些专业的研究生，本来是非常热衷于做与现实密切挂钩的"政策研究"课题的，但就是在"政策研究"这个方向上，我们很少看到国内有人做席瓦这种揭露弊端的课题，而那些点缀升平或无关痛痒的所谓“对策研究”则随处可见。这当然也不难理解，现在人们都很“务实”，去做一个得罪跨国公司、批评地方政府的课题，资料又难找，对研究生毕业后的就业也有害无益，如此吃力不讨好的事情，谁会愿意做呢？席瓦她是功成名就的人，这样做做当然无妨，要是她当年做博士论文时，怕是也不敢以《失窃的收成》为题吧？

■ 我倒觉得，即使当年她要做博士论文，也未必不敢以这样的题目来做，重要的是学术的评判标准。至于说到国内与现实“密切挂钩”的“政策研究”，之所以不会有人做这样的题目，那恰恰是研究课题的设立者们的问题，以及国内课题的资助导向、评价体系以及其他一些更为本质的体制的问题。这似乎又回到我们曾谈过的一个问题：国内现有社科类基金资助体制对于学术的破坏作用。其实，那些资助项目的设立者，在设立项目时，就没有让项目的研究去形成那种真正深刻的反思和批判，而是更多地要为现实的政策唱赞歌和寻找理论支持，在这样的导向下，怎么会有像席瓦这样的重要的研究成果出现呢？

（《失窃的收成》，〔印度〕范达娜·席瓦著，唐均译，上海人民出版社2006年9月第1版，定价：18.00元。）

56

公众到底怎样理解科学?

——从《优化公众理解科学》想到的

□ “公众理解科学”的话头，国内一些学者——包括我们两人在内　已经说了相当长时间了。不过对于这个问题，我们在理论上的建设其实还很欠缺。所以这本研究欧洲“公众理解科学”状况的《优化公众理解科学》在此时引进，真可说是非常及时。

本书是在欧盟“第五框架计划”资助下，于2000—2003年间，由“优化公众理解科学”(OPUS)课题组提交的研究报告，长达50余万字。报告中详细介绍了能够代表欧盟各类国家特点的六个国家的有关情况，这六个国家是：英国、法国、比利时、葡萄牙、奥地利、瑞典。同时，报告中也反映了西方学者在科学传播研究领域中新出现的理论成果。

我的感觉,报告中的大部分内容,其实已经可以和我们今天的“国情”衔接,或者说对我们今天已经具有现实意义。当然也有一些内容,涉及的可能是我们这里下一阶段才会出现的情形,但这对我们也有非常重要的意义。

■ 我想,从理论研究和学术发展的一般规律来说,当一种学说或理论在国际上已经有了相当充分的发展时,如果我们也要进行相关的研究,或者是借鉴人家的经验,首先应该做的是对人家的理论研究和与之相关的实践情况有所了解,最好是有所研究。在以往,国内随着对于“科学普及”在新形势下的更加重视,关注的焦点也从传统的科普逐渐有所拓展,拓展的方向之一,就是国际上所谓的“公众理解科学”。在这方面,前些年国内已经有了一些引进、翻译和研究的工作,但那些工作似乎主要是对英国、美国等国家的情况的介绍和研究,而对于包括范围更广的欧洲的整体情况,则仍然是近乎于一个空白点。因此,这本针对欧洲情况的研究报告的出版,就有了其特殊的重要意义,让我们可以在更广阔的视野中对公众理解科学问题有更进一步的认识。

虽然国内的科普活动仍然有着传统影响的深刻烙印,但我们如今已经不再将自己只限于传统科普的范围,而将视野扩展到包括公众理解科学在内的更多相关的理论和实践。不过,这些传统和更新型的普及传播与“理解”之间,毕竟还是有着密切的关联。也许这正是你说的可以与我们的“国情”相衔接之处吧。那么,在这份研究报告中,最为突出地引起你的注意的“衔接”在什么地方呢?

□　在发达国家,以往那种对科学的一味顶礼膜拜的迷信,早已经开始动摇,这也就是前些时候我们谈过的霍尔顿所痛心疾首的对科学的"反叛",而一个类似的过程,其实在我们这里也已经开始出现。我觉得,这就是可以"衔接"的地方。比如,报告中说,在英国,"科学顾问扮演的角色在公众眼中受到怀疑,科学和政治之间关系的缺陷变得非常明显。……尽管人们对科学有兴趣,但公众对科学的信任在降低"。这种局面,在我们这里也开始出现了。

另一个让我感到有"衔接"之意的地方,是这份报告对待上述情形的态度。报告当然不会像我们这里某些自命的科学卫道士那样,面对公众和有识之士的态度和见解,采取"科学原教旨主义"的态度,甚至采取"科学麦卡锡主义"的方式,舞动棍子,逢人便打。恰恰相反,报告对此采取了反躬自省的态度,主张"科学需要更好地理解社会的变化,从而转变其立场"。这就不是盛气凌人、唯我独尊的态度,这与前不久中国科学院、中国科学院学部主席团发布的《关于科学理念的宣言》中所说的"避免把科学知识凌驾其他知识之上",不是非常一致吗?

■　确实如你所说,这些都是可"衔接"的地方。在你说的第一个衔接之处,可以比较出一个非常有趣的现象,即公众对于科学的支持,并不一定与公众所掌握的科学知识的水平成正比,甚至于,在欧洲一些对公众的科学知识的普及上做得很好的国家,其公众对科学的怀疑态度还会有所增加。相反,在我们这里,在几次公众科学素养调查的结果中可以发现,虽然公众对科学知识"达标"掌握的比例很低,但对科学表现出盲目的信仰和支持者的比例却非常之高。固然这里面显然有我们国内传统中对于科学意识形态化的影响，但这一正一反的对比，却说明了一个足以发人深省的问题：我们现在在科学普及和传播中经常隐含着一个假定，即让公众掌握越多的科学知识，就会越有利于公众对科学的支持，而这个假定恰恰与上述调查结果相矛盾。

随之而来的问题，就是，我们在当下大力倡导提高公众科学素养的背后，究竟预设了什么样的目标？以及这样的目标是否可以实现？或者，也可以反过来想，我们对于公众科学素养的理解，以及对于提高公众科学素养的意义的理解，是不是有可能重新反思一下呢？

□　所谓“科学素养”，我们以前总以为就是对科学知识的记忆（或者主要是如此），比如知道地球绕太阳转一圈的时间是一年、光传播的速度是每秒 30 万公里之类。现在我们当然知道，真正的“科学素养”，还必须包括对科学技术负面价值的了解，包括对滥用科学技术可能带来的灾祸的警惕等等。在这本《优化公众理解科学》的报告中，经常谈到公众对科学的担心，以及对科学信任的下降，这未尝不可以视为公众科学素养提高的表现。你上面提到我们这里一些调查报告所揭示的奇怪现象——对科学知识掌握很少的人却反而对科学盲目信仰，恰恰可以从反面来印证这一点。

从这本《优化公众理解科学》的报告中可以看到，欧洲公众对科学的担心或信任下降，主要集中在两个领域：核电和生物技术。核电作为能源固然很好，但万一发生切尔诺贝利那样的泄漏污染事件，后果确实极为严重。至于生物技术，比如克隆人、嵌合体、转基因食物等等，已经引发了许多伦理道德方面的难题，争论愈演愈烈。在这两方面，政府和科学共同体都理应采取谨慎的态度。

这里我们就可以看到"公众理解科学"的重要意义。在传统的单向"科普"概念中，就可以是另一种光景——比如，由科学"精英"出来向公众"普及"，告诉公众核电是多么清洁安全高效，转基因食物又是何等"多快好省"可以养活更多的人，于是芸芸众生就此坚信不疑，科学共同体就可以长驱直进，而不必采取任何谨慎态度来约束自己了。

■ 在争议方面，核能和转基因（以及类似的生物技术）确实一直是两个长期被关注的焦点。如果从关于核能这种实际上是基于一个世纪左右的基础研究才使之成为可能的技术的争议来看，类推下去，新兴的转基因技术的争论恐怕也会一直延续下去。只不过，以往的争论只是限于学术界或社会上的一部分人而已。

而在公众理解科学的发展中，使得这样的争端涉及的人群有了极大的扩充，因而，你前面讲的最后一点，恰恰就是在公众理解科学中超越了"缺失模型"之后的公众参与发展新阶段的意义之所在。因为恰恰是在公众参与的过程中，既改变了公众本身，也在某种程度上约束了科学家和政府，从而达到了一种新的状态的平衡。至于什么样的新的平衡才是理想的？才是对于公众和整个社会最有益的？这也许就将是在此基础之上而发展出的新争议所要关注的事情了。

（《OPUS：优化公众理解科学——欧洲科普纵览》，〔奥〕乌里克·费尔特等著，本书编译委员会编译，上海科学普及出版社 2006 年 12 月第 1 版，定价：48.00 元。）

57

人类和科学:谁控制谁?

——关于《科学的统治》

□ 刘兵兄,这是一本相当有趣的书。书名就让人颇生遐想——《科学的统治》(尽管内文对应的这个词都译成为"治理",但在深层意义上这两者没有多大差别),我们是被科学统治着(或治理着)吗?

在我们熟悉的语境中,这应该是一个陌生的说法。我们习惯于说我们"掌握科学技术"。夫"掌握"者,当然是"掌握"的人控制着被"掌握"的东西,我们"掌握科学技术"当然意味着我们控制着、利用着科学技术。但是现在已经有许多人在担忧,这个我们自以为被我们"掌握"着的东西,很可能已经(或将要)反过来控制(或统治、治理)

我们了。甚至可以说，电影《黑客帝国》中人类受制于 Matrix 的情形，其实已经在某种程度上开始出现了。

另一个我非常感兴趣的角度，是作者集中力量讨论的一个问题：科学在我们的社会中具有无限的“犯错权”吗？我觉得这个问题和我前些时候在《科学时报》上质疑过的“科学带来的问题只能靠科学来解决”有内在的相通之处。

■ 先顺着你的话题说。关于统治或治理，你说的确实有道理。我也觉得，在这种意义上，此书作为一本科学之政治学的研究著作，是非常有趣的——尽管由于语言和非常专业的内容它并不容易阅读。尤其是，这种对科学的政治学研究，除了传统的政治学理论的基础之外，又加入了诸多学科——如科学哲学、科学社会学、科学心理学等——对科学进行研究的前沿成果，从而使得它的叙述讨论不同于一般性的议论。

其次，就你刚说到的“犯错权”问题，虽然此书中译本的内容提要中也说该书作者将论题集中在“犯错权”上来理论构架，我却不完全觉得如此。因为这里所讲的“犯错权”，主要是在一种政治学意义上来讲的，与那种更贴近技术性意味的“犯错”，还不完全是一回事，而且，它又是隐藏在作者叙述的背后的。

在我初看此书的印象中，最突出者，是它颠覆了许多我们平常看起来似乎是天经地义而且未加深入思考的概念。从大的方面来讲，似乎像对于大科学问题、对于大学问题、从科学之功能以及它对科学家和科学家与政府和公众对之治理的问题，小到诸多更具体的问题，都基于政治学（而且又不仅仅是政治学）的视角给出了令我们耳目一新的看法。

□ 确实如此。书中有许多在我们习惯的语境中闻所未闻的论断。

比如,作者说:“科学家的大脑和非科学家的大脑看来几乎没有任何区别。即使得到过‘正确’的形式逻辑、统计方法和实验设计等训练,科学家同非科学家一样容易犯错误和抱有思想偏见。”那么,和普通公众相比,科学家为什么能显出知识方面的巨大权威和优越性呢?作者说:这是因为“科学家是有组织的,这种方式使他们在整体上远远超过部分之和”。仔细想想,这真是一个非常惊人的思考。

又如,对于“提高公众科学素养”,作者颇不以为然。理由是:一、这“建立在将人的智力加以‘科学的’和‘普通的’区别这种错误观念上”。二、即使两者之间真有区别,“提高民众的科学素养本身不能为民众参与科学行为提供任何新的机遇”。作者拒绝以“科学素养”作为向公众展示科学的策略,因为这种策略“充其量只是保护了(公众)某种被灌输的姿态,而不能提供广大公众(对科学活动)的真正参与”。

再如,作者甚至说:“科学技术研究(STS)——研究科学知识的社会成果的跨学科领域——有助于促进公众对科学的不满。”这话听起来似乎十分离经叛道,但是再想想却也不是完全没有道理的。

■ 你这里提到的最后一点,其实,在我们平常的工作中,特别是在对国际上公众理解科学等方面的关注中,似乎已经有所感觉了,也即,随着公众对科学规范中怀疑精神的掌握,以及随着 STS 的某些观念通过其他形式而普及传播到公众时,很自然会有这样的结果。这也正是现在国内(乃至于国际上)一些科学主义者要把 STS 中许多学说批判为反科学的理由。以一个国内（而且也与国际有关）的例子，即话剧《哥本哈根》的上演，就可以很清楚地看出这种效果。

你提到的倒数第二个观点，也是很有意思的事。不过，对这个问题，似乎还可以再进一步分析一下。如果我们是抱着通过提高公众的科学素养来提升公众对科学的支持，那么，如前所述，这恐怕不一定会有预期的效果。如果是抱着要让公众参与科学活动（如果这种活动是指科学研究的话），当然，这也是很难实现的目标。但如果是通过提高公众的科学素养而增加对科学决策的参与，这虽然依然困难，倒还是有可能而且有意义的。国际上的“公识会议”即有此意味。当然，还可以提到的是，如果像国内某些科学文化传播的研究和实践者所倡导的那样，是在一种不同的“科学”概念下，例如像对主流科学现在已经相当排斥的博物学传播下，或在一些地方性知识的科学语境中，我觉得，公众还是有可能参与一些科学活动的——当然，这与那本书的作者所说的也仍然不矛盾，因为他所指的，还是对于那种主流的、非常专业化的科学研究的参与。

□ 《哥本哈根》的上演，并不是一个很大众的事件，所以我想你应该稍微说说，为什么它可以作为你说的例子呢？

我觉得，我们以前因为长期习惯于对科学一味崇拜赞美，大家从未想到从另外的角度去看待科学，自然就会将“科学素养”等同于对科学知识或结论的记忆，或至多再加上对科学方法的应用。现在看来，我们确实应该将对科学的负面价值、对滥用科学技术可能导致的危害的认识和警惕等等，都作为“科学素养”的组成部分才对。我自己也是前不久才有了这一认识。在这一认识的基础上，再来看本书中所说的“科学技术研究(STS)有助于促进公众对科学的不满”之类的说法，才不会感到匪夷所思了。

另外，关于本书中“科学家是有组织的，这种方式使他们在整体上远远超过部分之和”的说法，也是大有深意的——如果和我们在“南腔北调”(53)中谈到的《再造“病人”——中西医冲突下的政治空间》一书联系起来看，就会很明白了。有趣的是，这两本书都将科学与政治联系起来，这也绝非偶然。

■ 先说《哥本哈根》。此剧在国外，据说相当轰动，还获得了什么大奖。在国内，自然，作为话剧，当然也不像电视剧那样大众。不过，此剧两周前在清华大学演出了其第98、99场，这样的成绩，就国内当下的话剧来说，已是很不错了。我曾先后三次看过此剧，我在清华为本科生讲授的“戏剧中的科学”的研讨课上，也每次都专门讲此剧，还曾请过在剧中饰海森堡的著名演员梁国庆来我的课上讲过课。在所有这些事件中，从我对观众、听众的反应的观察来看，应该说都是很强烈的，表明这种以出色的艺术手段来展现有STS意味的内容，是很有效果的。甚至于，我一直认为，此剧此前曾在多所大学上演，而直到现在，才在清华上演，这是很令人遗憾的，而且本身似乎也说明了某些问题——我以为，看此剧应是对于在清华这种氛围中受教育的学生们非常有意义的一种冲击。

至于说到“科学与政治”，如果就学术界来说，而且是放眼国际的话，那现在应该不算是什么新鲜事儿了。好在这样的趋势在国内(我是说像《再造“病人”》那种真正有意味的而不是许多仅仅以这样的名义出现而实质上很老套的东西）也开始渐渐出现。问题在于向公众的传播。人们不是看到了吗？当有STS意味的内容在向公众传播时，那些科学主义的卫道士们不是异常敏感地马上就跳出来批判吗？其实，这样的情形，恰恰说明，我们这里许多从事科学传播或在名义上进行科学传播的人，自己也还需要好好地被传播一下呢！

（《科学的统治——开放社会的意识形态与未来》，〔英〕史蒂夫·富勒著，刘钝译，上海科技教育出版社2006年12月第1版，定价：20.00元。）

58

“非欧洲中心”的科学技术史是否可能?

□ 通史性质的科学技术史著作,已经有许多了,包括从国外引进的和国人自己编著的,有些还相当有影响。但这种著作的编写也是不会有止境的,因为每一个人眼中都有他自己的一部科学技术史。就这类著作的价值而言,我觉得至少有两个方面:一是提供科学技术史的一般知识,这只要结构合理,论述准确,通常不难做到。二是给出某种看待科学技术史的独特眼光,或启发读者思考某些有关科学技术史的基本问题,这就不是很容易做到的了。这部《世界科学技术通史》似乎在相当程度上做到了第二点。

“言必称希腊”是以前政治伟人痛斥过的,在他的教导下,几代中国人都耻于“称希腊”,而勇于以“言必称中国”代之。可是要讲科学史，不“称希腊”是不可能的。在这本为非专业的读者编写的科学通史著作中，作者开宗明义就告诉你：“在古希腊文明崛起以前的那些古代王国，国王们都支持过实用技艺和有用知识的发展，但对抽象研究毫无兴趣。后来，随着希腊自然哲学——非功利性的探索、理论，或者说‘纯科学’——的一步步渗入，终于在伊斯兰世界和欧洲形成了那种‘西方’传统。……从而奠定了现代科学乃至我们今天的科学世界观的基础。”也就是说，现代科学的源头在古希腊。

你看，才一开头，启发读者思考的问题就来了：说科学的源头在古希腊，这在西方固然已经是老生常谈，但对于中国读者来说，却仍然有着相当的现实意义——因为科学的源头究竟在哪里这个问题，在中国经常是有争议的。

■ 你所提出的问题，其实是涉及到一个预设的前提的，即还是那个现在依然为人们所争论不休的老问题：究竟何为科学。一方面，我虽然也听到过在中国对于科学之源头的争论，但就目前所见的研究，如果我们把科学理解为狭义的西方当代科学，并进而追溯其源头，我倒愿意接受其在发展的逻辑线索上起源于古希腊的说法。当然，这里还隐藏了另一个问题，即如何定义一件事的源头，因为就某种类型的历史研究而言，如果相信历史的连续性，那么这个源头总是可以继续向着更早的时代追踪下去。现在讲源头，通常只是根据某种相对明显的特征对历史做了一个分期式的截断而已。

不过，另一方面，我们还可以设想，如果我们不是采用那种单一的、狭义的科学定义，而是采用一种多元的科学观的话，这个问题也许看上去就变得不太一样了。人们就要问，你所要追溯的，究竟是这多元中哪一元的源头？其实，你所说的在中国对于科学源头的争议，经常并未分清这些背后的预设。比如，站在辉格式的立场上，讲我们中国早就有了西方某某科学理论的前身之类的话，那不也是一种对“源头”的探寻吗？当然，在这样的情况下，又引出了在某些相似的东西的前后出现之间并不一定就有因果关系的问题。

□　其实，关于现代科学的源头，另一位政治伟人就有过有利于“言必称希腊”的论述：“如果理论自然科学想要追溯自己今天的一般原理发生和发展的历史，它也不得不回到希腊人那里去。”他还说过“新时代（的科学）是以返回到希腊人而开始的”呢。

关于中国的科学，此书则颇有可取之处。

以前西方的科学史家写科学史，经常将中国的部分略去，理由是自己不熟悉之类，实际上有时是因为觉得这一部分无关紧要。在“欧洲中心”的眼光中，希腊固然是源头，巴比伦和埃及也不会被遗漏，因为它们对希腊科学有过贡献；阿拉伯文明也不会被遗漏，因为希腊的遗产要通过伊斯兰世界的传递和消化，才被欧洲人继承的。但是中国和东亚、玛雅之类的文明中的科学技术（如果认为存在的话），那在他们看来确实是无关紧要的。

而中国学者自己编写科学技术通史时，有时就“反其道而行之”——将中国部分的篇幅安排得很大，超出合适的比例；将中国古代的成就拔到很高，给出过分的评价，竭力营造出一种“中国古代科学技术遥遥领先于世界”的自我陶醉氛围。

与“欧洲中心”及“言必称中国”这两端的偏激相比，这本书就公允多了，它几乎照顾到了世界历史上所有的重要文明。大家都有贡献，大家都能占一席之地，似乎皆大欢喜。

■ 因此，我们也许可以说，过分热衷于找源头，特别是要找唯一的源头，这本身可能就是一种有问题的做法。而且，在对于传统的西方中心主义有所反应时，如果出于像民族主义或者爱国主义之类的原因，而不恰当地将本国本地的权重超常地加大，也同样不是一种可取的做法。甚至于，像这样的问题，当仅就某一国家中的某一学科分支来说时，也是如此。你不是专门研究过天文学的西源说、中源说等争论的问题吗？对此，应该是有自己的体会吧。不过有意思的是，像多元科学观，或者更一般的，像东方主义这样的观念或学说，却往往生长于“主流”的西方学术界，你认为这是什么原因导致的呢？

回到这本《世界科学技术通史》，它初版的书名本是《世界历史上的科学技术》，我觉得，原来的书名可能更与你所关注的起源问题相融洽，后来的书名，也许是因为市场的原因而改的吧。这也就是说，如果把科学技术放到一般历史中，作为其中的一部分，也许反而更能看清其定位。

□ 你所问的原因，或许可以归结到一个自信的问题。这可以有一些类比，比如在现今科学技术非常发达的美国，伪科学和各种神秘主义学说也极为繁荣，有人甚至认为在过去的一个世纪中，科学已经在美国的大众传媒中让位于迷信，然而这恰恰就是美国从一个二流国家成长为世界唯一超级强国的一个世纪。又比如，在日常生活中，那些真正的成功者都可以容忍身边的人叫他“傻瓜”，拿自己开玩笑，他们还经常自嘲；但对那些活得很艰难的人，周围的人必须很小心地照顾到他们脆弱的自尊心。“主流”的西方学者，在是否欧洲中心之类的问题上，容易有比较平和的心态；如果他们发表了非欧洲中心的观点，也更容易被人们接受，而一个第三世界学者发表这样的观点就很容易被视为偏见——尽管实际上西方学者的偏见一点也不比第三世界学者差。

旧版的书名是照原文直译的。如果不怕穿凿附会一点，我觉得原来的书名隐含了某种“全球视野”的意思，暗示作者赞成一种非欧洲中心的科学技术史，而新版的书名则削弱了这种暗示。当然这其实无关紧要，重要的是作者将科学技术史置于世界历史的大背景中论述时，确实给了欧洲之外的文明中的科学技术足够的关注。例如，作者连玛雅人的有关知识也没有忽略。在这样的论述中，“科学技术”这个措词给了作者很大的方便——对于那些没有科学的文明，就可以只论述他们的技术成就。

■ 其实关于此书，与上面所谈的有所相关的，还可以提到一点，即此书的讨论工业革命以后近现代发展的第四编名为“美妙的新世界”，我曾猜想这种表达，与那本赫胥黎在20世纪30年代写作的对基于近代科学的“文明”世界充满忧虑并具有很强的批判色彩的科幻名著的书名相同（英文也是相同的，这点我曾请教过此书译者），是否背后也有某种深意呢？

总之，这本著作，正如作者在开篇的致谢中所指出的那样，本是为“非专业的读者和大学生们编写的”一本“导论”性的著作。我以为，在我们当下科学史教材类图书出版的现状下，此书应该说是一本很有特色，也很有实用性的好教材！这样讲，绝非溢美之词，一个证明就是，我是把它当做在清华招收科技哲学专业博士生之考试的指定参考书之一的。

（《世界科学技术通史》，〔美〕詹姆士·E.麦克莱伦第三、〔美〕哈罗德·多恩著，王鸣阳译，上海科技教育出版社2007年4月第1版，定价48.00元。）

59

我们需要更多的科学文化

□　系列丛书《我们的科学文化》终于问世了。这是我们这些朋友们呼唤了好几年的结果。现在想起来，这里头确实有很多问题是值得思考和讨论的。

几年前，我们开始在各种场合使用“科学文化”这个词汇时，对于它的含义有几种不同的理解，我觉得表达得最好的是田松的态度：我们先不要问她是谁，或者她会长成什么样子，且先帮助她成长起来。那时我表示，相信她一定会长成眉目如画的大美人。现在看来，我大概没有说错。“科学文化”已经在中国成长起来了：一种名为《科学文化评论》的杂志已经出版了几年，“科学文化”这个词汇在学术著述中和大众媒体上都已经司空见惯，成为一个进入了公众话语的词汇，甚至出现了“科学文化人”这样一种称呼——尽管这种称呼让某些旁观的人士感到不爽，不时要找由头来冷嘲热讽一番。

避免对“科学文化”作明确的界定，至少迄今为止还是一个正确的策略。这在某种程度上有点像小平同志“不要争论姓资姓社”、“发展才是硬道理”的精神。田松当初的态度，岂不就是深得小平同志指示精神之旨吗？

到了今天，我觉得，这几年发展下来，我们的科学文化已经逐渐形成了自己的面貌，或者说形成了某种主旨，本系列丛书的命名，正体现了这一点。

■　说到科学文化这个概念，确实是有许多波折的。因为类似的，也还有其他一些概念在被人们使用着，比如像科学人文等。而大约从六七年前开始，我们两人，则都一直坚持用科学文化这个概念。我想，这与我们既从事像科学史、科学哲学这样的学术研究，又同时在做着许多以学术研究为基础但又与之颇不相同的、与科学的人文视角相关的准学术和大众传播工作有关。科学文化这个词，虽然到今天为止仍然在定义上有些模糊，但在指一个领域或一类工作时，却可以同时包容这些学术与非学术性的内容。

不过，在对科学文化概念做了这种概括性的总结之后，我想，我们也许还是应该回过来谈谈我们的系列丛书。《我们的科学文化》这个系列丛书的名字虽然是近来才起的，但要做这套书的想法，却是由来已久的，对其内容的设想，也有了很长时间的酝酿。甚至在8年前，我还曾做过另一套系列丛书，即《三思评论》。三思者，science也。不过，那套书在只出了两本之后，由于种种不可控制的原因，就停出了。《三思评论》在内容上其实也是科学文化方面的，刚出时，也曾受到好评，被称作科学文化界的《读书》。你觉得，在《三思评论》和《我们的科学文化》之间，有什么异同吗？

□ 首先我想，一个差别是从编《三思评论》到编《我们的科学文化》，中间隔了好几年，在这几年中，我们这群朋友的思想都有了很大的发展，我们对很多问题的认识更深化了，也有许多新的问题进入了我们的视野。但是，某种同仁出版物的色彩，则是两者共有的。我觉得《我们的科学文化》所关心的问题似乎和现实更贴近，这其实是我们这个群体近年来一个比较明显的趋势。另外，在《我们的科学文化》中，群体合作的特点将会表现得更为明显，像我们现在商定的由一些编委轮流担任执行主编的制度等，就体现了这一点。同时，我们也更注重了某些趣味性，以便能获得更多的读者。

记得几年前我曾经说过“要有形成一个学派的思想准备”这样的话。当时我说这个话的时候实际上不无顾虑，但是此后几年随着同仁们的共同努力和思想的发展，这种现象似乎在客观上确实出现了。作为一种我们的同仁出版物，这也许是《我们的科学文化》与当年《三思评论》最大的不同了。

■ 我同意你关于学派的想法，尽管这样的说法可能会引来一些非议，但我们既然致力于发展我们所称的科学文化，致力于以一种大致相近的理念来从事研究和传播，为什么就不能打出“学派”的旗号呢？有非议就让他非议去吧。毕竟，在国际上关于学派的理论中，大致的要件就包括有出版“同仁出版物”这样一项要求。而且，在那些要件中，这似乎也是我们所欠缺的最后一件了。

除了学派的问题之外，我想说的是，在我看过了第一本《我们的科学文化》的定稿之后，感觉到，总体上，它确实还是很有些可读性的，这也就是你所讲的那种趣味性的体现吧。其实，讲趣味，并非只是为了迎合读者，我们这里所体现出来的趣味性，本是各个作者在对选题的把握和表述中所带来的，是新的、与传统有所不同的理念所带来的。否则，就只会有一种形式上的“趣味”而不会有长久的影响力。不过，这也许并不是我们在一开始的特意设计，而是一种群体品味的自然反映。

□ 我非常欣赏我们由编委轮流担任执行主编的制度。一方面，这可以为丛书带来不同的风格和特点，而另一方面，就要想到田松的那句名言了：“我们是由衷地相互欣赏着的。”所以，我们不会追求某种经过妥协而造成的统一风格，我们愿意让丛书的每一本呈现出不同的个人风格，甚至是非常强烈的个人风格。

要说到丛书的主旨，我想主要是反映这个学派在近年所关注问题上的重要思想，从总体上说，这些关注和思想，似乎可以用“换一种眼光看科学”来概括。因为在中国，用传统的眼光看科学的人仍然占绝大多数，而用带有后现代色彩的眼光看待科学的人还是太少了。有的人认为，因为中国的科学技术还不够发达，所以我们还没有到用后现代眼光看待科学的时候，或者换句话说，他们的意见其实就是说我们还没有到告别对科学迷信的时候。但事实上，这种必要性和科学技术发达的程度之间没有必然联系。更重要的是，用新的眼光看科学，对科学技术的发展是有好处的。

■ 虽然我自认自己是很后现代主义的，也同意你上面所说的看法，但我担心，并非为此丛书撰稿的所有作者都会同意自认为后现代主义者。因而，我想是不是可以稍弱化一点，将"换一种眼光"理解为是用人文的视角和立场来看科学，当然，后现代主义也是国际人文思潮发展的一个新阶段。这让我想到，在美国科学史家职业化的过程中，一个重要的特点，是新一代的科学史家，从接受专业教育开始，与其前辈最大的不同，就在于他们从一开始就接受了更为人文的训练。从我们的丛书的作者情况来看，其中也有不少是"新人"，如刚毕业甚至在读的研究生，他们的加入，以及他们通过接受更为人文的教育并在这种知识背景下对科学进行人文研究，不是也体现出了可喜的新生力量的涌现吗？——而且，这种新生力量的存在可又是"学派"之成立的重要标志之一呀！

（《851^{M}：我们的科学文化》(1)，江晓原、刘兵主编，华东师范大学出版社2007年7月第1版，定价：32.00元。）

60

克隆：还想扮演上帝的上帝吗？

——“南腔北调”专栏5周年

□ 先看看下面这一段，描写美国总统克林顿和布什的交接班：

> 两人礼节性地握了握手……（克林顿）交代了发射原子弹的密码、设备的工作状态，还有几份总统才能过目的国防高度机密情报。……又向四周最后环视一圈，转身朝大门走去。他走出两三步，突然回转身来，再次打开皮箱，不动声色地说：“啊，对了，事实上，我们克隆了耶稣。”

这就是法国人迪迪埃·范考韦拉特的畅销科幻小说《克隆救世主》开头的场景。这部小说已经荣膺诸多奖项，在法国引起轰动。

小说所依据的“学理”，或者说科学根据，就是今天的克隆技术。克隆生命既已成为现实，我们为何不能为人类克隆一个救世主？而救世主的基因也不难找到，都灵教堂中那块著名的“耶稣裹尸布”上就有耶稣的血迹——当然，那块布究竟是不是真正的“耶稣裹尸布”，学术界一直是有争论的，不过写小说就不用顾虑太多了。至于救世主，和我们从小就在“从来就没有救世主”的唯物主义教育下长大不同，这在西方是一个深入人心的概念，也是西方文学艺术中常见的主题之一。

■ 看到这本小说，可以联想到另外两本小说，一本是克莱顿的《侏罗纪公园》，其中设想利用存储在琥珀中吸了恐龙血的蚊子体内的恐龙的 DNA 复制了恐龙，并讲述了因此而带来了一系列不可控制的后果；另一本，是丹布朗的《天使与魔鬼》，其中，科学与宗教的关系和冲突是重要的核心线索。

不过，比起上面提到的那两本主题和线索相对清晰明确的小说来，这本《克隆救世主》所包括的内容和提出的问题要复杂得多，远不是用一两句话就可以总结清楚的。我在《译林》杂志首发的这篇小说的中译本后面，还看到有一篇评论文章，就觉得那篇评论写得很不得要领，把相当复杂的问题过度简单化了。当然，这里面确实也包括了科学与宗教的冲突，包括了科学之应用可能带来的问题，包括了科学研究的作伪，包括了用科学的方式来理解和认识宗教及相关问题的困难，也包括了宗教自身的许多问题，如目前的某些困境等等。（当然，对于特定的阅读中译本的读者，还会再加上我们长期以来无神论教育的特殊文化背景的影响。）但对于这些复杂的问题，作者同样没有给出自己明确的答案，而是把问题放在错综复杂的故事情节中以暗示的方式来提醒读者。

对于以这样的方式来看这本小说，以及对于这些问题，你是怎么看的呢？

□　对于那篇评论，我也有同感。作者以通常的文学评论思路来看待这部小说，当然难免落入关于科学与宗教关系的老生常谈之中，甚至不得不以空洞的感叹来填充篇幅。在这篇评论中，可以清楚地看到你所说的“我们长期以来无神论教育的特殊文化背景的影响”，例如“人类曾经需要宗教，但现在已不再需要它”之类的话，就显得幼稚武断——人类中有那么大的部分迄今仍然信仰着各种宗教，作者有什么权力代他们断定“现在已不再需要”宗教了呢？在我们中国，宗教信仰也是合法的嘛。

你对另两部小说的联想，和我最初的联想完全相同。我感到，迪迪埃·范考韦拉特其实就是想用类似《侏罗纪公园》的“故事平台”，来讨论类似《天使与魔鬼》的主题。但是，从克隆恐龙到克隆救世主，是想象力的一个巨大飞跃，这个“故事平台”远比《侏罗纪公园》来得惊心动魄，而且可以容纳远比《侏罗纪公园》多得多的文化内涵，确实是一个天才的想法。从编故事的角度来说，也提供了远比《侏罗纪公园》更为宽广的空间。

■　确实如此。如果说仅仅是一般的克隆人，虽然那也还有来自宗教上的阻力，但如果把克隆这种高新科学技术的手段用于克隆耶稣，就将科学与宗教之间微妙的冲突大大激化和提升了。而这一点恰恰是这本小说在创意上最绝之处。从而,就自然而然地引出了一系列尖锐的问题,像“神性”是否可遗传、可培养?应以什么方式来培养?“神迹”是否可能?如此等等。以“神迹”为例,其存在的前提,就是与现有科学规律和理解认识之不符,否则就不成为“神迹”了。在小说中,作者虽然也描述了一些因“作伪”而被识破揭穿的“神迹”,但又留下了不少伏笔,似乎并未彻底否定其存在的可能。正是以这样的方式,作者才在科学和宗教的差异之间,保持了一种微妙的张力而没有明显地偏向哪一方。

以这样的方式,我觉得,此种小说的意义,与其说在于为读者提供了有关某些问题的答案,倒不如说是在于向读者提出了更多需要更深刻地思考的问题,并且将科学和宗教之间的根本性差异更鲜明地展示出来。

□　这使我想起一个类比,即人们经常会提起这样的问题:科学与艺术能不能相通?类似的,我们也可以问:科学与宗教能不能相通?从技术性的层面上来说,当然可以找到相通之处,比如艺术表现手法中要用到科学的工具或方法,或者神学论证中的逻辑推理在科学中也同样需要之类。但是从最根本的假设上来看,科学与宗教是无法相通的。

因为科学假设了有一个纯粹客观的外部世界的存在,这个外部世界是“不以人的意志为转移的”,而且这个外部世界是有客观规律的,而且它的规律是可以被我们认识的,这些规律可以通过实验、观测等等的手段去逐渐发现、并且用数学工具进行描述的——科学活动就是寻求这些规律。而宗教不可能接受这样的假设。“神迹”就是对这种假设的直接否定。在宗教的假设中，外部世界既可以因为神（上帝、救世主、耶稣）的意志而改变，也可以因为人的祈祷、信念等等而（借助神来）改变。

现在我们再回过头来看《克隆救世主》的故事，就会发现作者不怀好意地让这两种假设直接冲突起来——克隆出一个救世主，是一项纯粹的科学活动的结果，但是这个救世主却可以行神迹，那岂不就是说，科学活动的结果，可以摧毁科学的客观性假设？作者既然已经成功地达到了"挑动科学斗宗教"的结果，他自己当然就可以"全身而退"，用不着再明确表示什么立场了。

■ 从出发点上来看，作者似乎是有这种成心制造出一种极端冲突的"理想实验"的嫌疑。但这又仅仅是一个出发点，顺着这个线索发展下去，问题就复杂了。你上面分析的科学与宗教的不可相通是有道理的，用科学哲学的术语来说，也即类似于所谓的"范式"的不可通约性。但实际上，不可通约的又岂止是科学和宗教呢？就在狭义的科学的发展过程中，不同阶段的科学"范式"不也具有不可通约性吗？科学与艺术，也是如此。以此方式类推，我们还可以找到更多的人类文化间的不可通约。但这些东西又确确实实地存在着或曾经存在过。对此，我们可以采纳的一种可能的立场，就是直面、承认这种文化多元性的现实，而不是人为地以某种先入之见要努力消灭那些与己所好的文化有所不同的文化。

科学和宗教，就是典型的例子。

（《克隆救世主》，〔法〕迪迪埃·范考韦拉特著，王莉译，载《译林》双月刊 2007 年第 4 期。）

61

《蚁生》:一个反乌托邦的寓言

□ 我前一阵将20世纪以来幻想小说和幻想电影中的乌托邦—反乌托邦作品谱系梳理了一遍,还在文章中感叹说,我们中国人除了先贤在《礼记·礼运》中留下的那段"大道之行也,天下为公……"之外,连一部带有中国特色的"空想社会主义"小说也未能产生,以至于对整个乌托邦—反乌托邦思想传统几乎毫无贡献。谁想到我那篇文章才发表没几天,就被证明我是说错了——中国大陆科幻作家的反乌托邦新作已经闪亮登场。

王晋康的新作《蚁生》,如果事先不知道这是科幻小说,那你一直读到将近一半的时候,还会以为是一个怀旧的爱情故事。然而作品的"峥嵘面目”在后半部中豁然显露，而前半部分的爱情故事则构成必要的铺垫。整个故事相当有力度。有朋友曾半开玩笑地说，王晋康“一直在对科学妖魔化”，也许这部《蚁生》也会被归入“妖魔化”之例。但在我看来，《蚁生》是一个反乌托邦的寓言。我们中国作家也开始对乌托邦—反乌托邦思想传统贡献自己的作品，这应该是一件光荣的事情。

■ 可以这样说吧，我在读这本小说之前，也没有想到它会是这样一部小说。以前，说来非常惭愧，读的科幻小说不多，读国内作者所写的科幻小说，就更少了。知道王晋康的名字，还是从一些“批判”他的人的文章中。当然，这也引发了想要读一读他的作品的兴趣。但这次有机会真正阅读时，还是不免有意外之感。我虽然没有像你那样大胆地做出关于中国科幻作家反乌托邦作品的断言，但也没有想到如今中国国内的科幻作品已经能够在认识水平上达到了如此的境地。

从内容结构上看，似乎是一部很工整的科幻小说，但我更关注的还是作者的立场和倾向。当然这是在作品好看的前提之下，因为毕竟小说（哪怕是科幻小说）不同于学术论文。在这部小说中，作者对于科学和技术应用的各种问题的思考，确实已经与学术界对有关问题的前沿研究有了相当的一致。你是否这样以为呢？

□ 确实如此。

我们以前很长时间试图以“毫不利己，专门利人”、“狠斗私字一闪念”来要求社会中的每一个个体，以为这样就能够建设起一个理想社会。这样的社会确实在很大程度上就是蚂蚁的社会，所以《蚁生》中的“蚁素”，可以说就是一个关于“文革”时代理想社会的隐喻。而“文革”十年动乱的结果，是人性扭曲，罪恶横行，国民经济濒临崩溃，宣告了这种尝试的彻底失败。

“蚁素”及其应用的效果，当然是小说作者想象的产物，纯粹从科学技术的角度来看也不见得有多少具体依据——《蚁生》不是一部所谓的“硬科幻”作品。这部小说的主要价值在它的思想深度。

小说中的男主角颜哲，用他那被迫害致死的昆虫学家父亲留下的“蚁素”，将他所在的农场改造成了一个“小伊甸园”（让农场职工们都吸进了“蚁素”），他自己则成了这个伊甸园中的上帝。这个伊甸园就是一个不折不扣的乌托邦。一开始，那真是“比白雪更纯洁，比水晶更透明”，这个乌托邦也成了颜哲的精神寄托。然而，就像所有的乌托邦都注定要失败一样，小说中的这个“理想”社会也无法持久。

■ 其实，乌托邦的情结在许多人心中都不同程度地存在，而且在我们所见到的有关文字中，想要利用科学技术的手段来实现和维系它，并且认为只要科学技术充分地发展就能够用来达到这样的目标的心理也是很普遍的。甚至于在像《一九八四》或《美丽新世界》这样的经典名著中，也有这样的要素。与奥威尔或赫胥黎相类似地，王晋康也利用了这样的要素，并且在小说中更为明确地表明：这样的梦想首先是不可能真正实现的，其次，即使实现了，也一定是非人性的！科学技术的手段也许在某种程度上可能成为一时的有效工具，但其局限也同样明显。

此外，在这部小说中，“蚂蚁”和“蚁素”这两个隐喻是很有意思的，尤其是在像“文革”这样的特殊历史时期。在那个时代，“蚁民”们所接受的各种意识形态灌输，难道不是一种精神上的“蚁素”吗？它也许并不能让人像小说作者设想的那样绝对利他，但至少在相当的程度上使人丧失自我。

□ 你的分析我非常赞同。而《蚁生》中的思想深度，让我联想到更多的问题。

近年有些科幻研究者认为，科幻原是以“呼唤”科学技术为己任的，随着科学技术飞速发展到了“走在时代前面”，科幻的历史使命就已经完成，所以科幻的衰落是不可避免的。八月我们都去成都参加了“2007 中国(成都)国际科幻·奇幻大会”，发现原来有些国外著名的科幻作家就是持这种看法的。

但这种看法其实对科幻的价值缺乏充分认识。在这次大会上发表的主题演讲中，我提出科幻有三重境界：一、科学境界，这是“呼唤”科学技术的；二、文学境界，让科幻作品摆脱“科普”的初级身份，自立于文学之林；三、哲学境界——也是科幻的最高境界，主要表现为反思科学技术的滥用及其自身的负面作用。在国外，至少在 20 世纪下半叶，迈向第三重境界就是科幻的主流；在国内，20 世纪 90 年代之后，大部分科幻作家与时俱进“与国际接轨”，也已经进入这一境界。

《蚁生》毫无疑问已经进入科幻的第三重境界。恰恰是由于科学技术已经飞速发展到“走在时代前面”，对科学技术的滥用及其自身负面作用的反思就显得极为必要和迫切。科幻的这一历史使命，还远远没有完成。既然如此，判定科幻的衰落已经不可避免，又有多少理论依据呢？

■ 你所说的三种境界中的第三重，当然是非常之重要的。也许，反思科学技术的滥用和负面作用，那只是对科学技术之反思的一个方面而已。

还有，这三重境界当然是"向下兼容"的——在第三重境界达到较高的水准的同时，也不妨碍在第一、第二重境界上努力提高。我在看《蚁生》这部小说时，就有这样的感受。当我们阅读一些国外优秀的科幻作品时，也同样在享受着文学。相比之下，国内科幻作品在这方面还有更多努力的空间。倘若一部科幻作品只是在哲学上有高度，而文学上显得苍白，那还是会在相当的程度上削弱其影响力的。毕竟，只有在人们愿意阅读的前提下，哲学的思考才能有效地传播。

总之，就国内的科幻创作来说，有喜有忧，但无论如何，科幻依然会生存下去，至少在目前，其读者之数量，就远多于常规的科普作品。这次，我们在成都看到的那些科幻粉丝的"狂热"，不就很能说明问题吗？

（《蚁生》，王晋康著，福建人民出版社2007年8月第1版，定价：23.00元。）

62

斯德哥尔摩不去也罢

□ 我们中国人谈论诺贝尔奖已经很久很久了。每年新的诺贝尔奖名单公布，中国人就要讨论一阵我们为何至今还得不到诺贝尔奖。郁闷、遗憾、抱怨、愤怒、悲哀……端的是五味杂陈，难以尽述。翻翻历届诺贝尔奖得主名单，在诺贝尔科学奖和经济学奖中，美国和欧洲发达国家当然占了绝大多数，但是也有不少前苏联、日本等国人士获得，甚至还能找到印度、匈牙利、阿根廷、巴基斯坦等国的得主。在诺贝尔和平奖得主中更可以看到埃及、伊朗、韩国、缅甸、墨西哥、东帝汶、危地马拉、巴勒斯坦、哥斯达黎加等国的得主。而中华人民共和国堂堂大国，却至今仍与任何诺贝尔奖无缘。在这样的心境下，来读这本由匈牙利学者撰写的《通往斯德哥尔摩之路——诺贝尔奖、科学与科学家》，恐怕难免别有一番滋味在心头吧？

■ 面对诺贝尔奖这样一个具有特殊影响的奖项，恐怕不仅发展中国家的人们，就是那些发达国家的人，也经常会有一些超出常理的态度和反应。在这本《通往斯德哥尔摩之路——诺贝尔奖、科学与科学家》中，我们也可以看到这点。当然，对于科学技术非常发达的西方国家，与我们相比，在态度上也还有一些差异。例如，从我们的媒体每到诺贝尔奖颁奖之际的兴奋，就可以看出人们对于此奖是多么地期待。这也是国内众多关于诺贝尔奖的书籍会有市场和受欢迎的重要原因之一。

我们是不是还是先就此书来谈谈感想？首先一个问题就是，相比国内已经翻译出版或由国人撰写的那些关于诺贝尔奖的书籍相比，这本书有什么特殊之处？就我觉得，此书并非是一种很有纯学术指向的研究性著作，而更像是一本由一个关注诺贝尔奖的科学家所撰写的感想加资料汇编性的著作，当然，作者曾对众多诺贝尔奖获得者做过访谈，并收集了大量的相关资料，以至于在此书中我们可以接触到许多以往所不知道的关于诺贝尔奖的故事和信息。这似乎是我的第一印象。你觉得呢？

□ 最初我曾经希望这是一本带有浓厚科学社会学色彩的著作，期望书中会揭示许多与诺贝尔奖有关的内幕及其背后的东西（就像我们曾经讨论过的《权谋——诺贝尔科学奖的幕后》那样）。然而实际上这是一本带有普及性质的读物，但它可以帮助我们了解许多与诺贝尔奖有关的事情，因而仍然是一本非常有益的读物。

不过，我和你认为本书是“感想加资料汇编”的第一印象有所不同。作者当然是收集了大量资料，但他在此基础上还是做了大量消化、组织的工作，本书有它自己一个相当合理的结构，从这个意义上说，本书还是有相当的学术性。

另外，本书中没有我最初期望的科学社会学指向，这当然与作者的立场观点有关，作者看来并无意去跟上那些后现代的思想潮流。这样也很好，文化是多样性的，当然也不会让后现代一统天下。况且，作者虽没有科学社会学指向，但本书中所记述的那些事情，有许多却具有科学社会学价值，可以给前者提供有益的启发、线索乃至资料。

■ 其实，当我们这里在说学术性，或者研究性著作时，应该是有特殊的指向的。我同意你的观点，即认为此书作者还是对大量的相关资料做了消化和组织工作。不过我想说的，实际上也是指此书不是一本由专业的对科学进行人文研究的学者所做的有指向的那种专业研究。这样的著作当然也有它的长处，因为对于一般读者，那些专业性更强、背后负载着更多学术理念的书可能接受起来要困难一些。而这种比较朴实的写法，也许会让人更有一种亲切感，但代价是震撼力要稍弱一些。而且，尤其是就面向国内诺贝尔奖问题的研究者们，此书更有一种特殊的价值，即提供了非常有参考价值的诸多信息和线索。

说到专业研究，也许就又引出一个问题，即就中国来说，我们现在所最缺少的，恐怕就是那种在专业研究基础上向公众读物转化的图书。因为诺贝尔奖问题毕竟在社会上对于公众也是一个吸引人的话题，这也本应是面向公众的科学传播的一个重要领域。

那么，你觉得，此书对于中国公众理解诺贝尔奖来说，最值得我们注意的是什么内容呢？

□　我想特别提出作者在本书中得到的几个结论。这几个结论其实以前别的西方科学家也曾对中国学者和媒体讲过，但本书作者说得更为透彻明白。

一是历届的诺贝尔奖并不能全面反映科学的进展。用作者的话来说，就是："科学史能够以诺贝尔奖为基础来编写吗？我想不行。"因为诺贝尔奖是不全面的，作者甚至提出了"可获奖性"（prize-ability）这个概念——不同领域的成就的"可获奖性"是大不相同的。我们在讨论《权谋》一书时曾经谈到，诺贝尔科学奖并未包括很多非常重要的科学领域，比如宇宙学、天文学、地质学、数学、环境科学、非生物取向的医学、海洋学、地震学、农业遗传学等等。

二是依据历届诺贝尔奖也不足以预见未来科学的发展，"在这方面，诺贝尔奖的局限性甚至更为严重"。这个结论其实与上面一条有着内在的联系。

第三，作者明确指出："从事科学工作的目标直指诺贝尔奖，特别是从科学生涯的早期就这样做，是徒劳的，也达不到目的。"获得诺贝尔奖这件事情是"有意栽花花不发，无心插柳柳成荫"，可遇不可求的。这个告诫对于多年来一直被"诺贝尔情结"煎熬着的中国人来说非常重要，值得我们的科学家们和科学技术政策的制定者们特别重视。换句话说，我们如果有"斯德哥尔摩不去也罢"的心态，我们反倒会离诺贝尔奖近些。

■　其实像这样的话，无论中国人，还是外国人，都以不同的方式说过不少次了，但问题在于，这样的道理就是有人不明白，有些人就是执迷不悟。

不过，一些人，特别是一些处在重要位置上的科技政策的决策者和管理者们，以及围绕着他们或是真心或是违心地吹喇叭抬轿子推波助澜的其他人等，包括某些科研工作者，为什么会执迷不悟呢？这背后的原因倒值得分析，只是这样的分析远不是像你我这种对谈的篇幅所能包容得下的。粗略地讲，应该说有些人是真心为国家着急，只是着急的不是地方，这属于认识不清；也会有些人是因为其位置而决定了要政绩，因而想要急于规划出诺贝尔奖来；当然，出于其他各种利益（包括集体和个人利益）的考虑的，就更是中外都不乏其人了。对像中国这样的发展中国家来讲，如果我们抛开虚荣的面子，抛开民族主义情绪，抛开那些对科学的健康发展来说是非理性的动机，实实在在地把力量用于全面整体地提高科学研究实力，这才应是认真追求的目标。

诺贝尔奖是一个重要的奖，一个有影响的奖，一个科学大奖，一个让许多人坐立不安的奖，一个带有某种标志性的奖，但说穿了，无论如何，它也仅仅是一个奖项而已！

（《通往斯德哥尔摩之路——诺贝尔奖、科学与科学家》，〔匈〕伊什特万·豪尔吉陶伊著，节艳丽译，上海科技教育出版社 2007 年 9 月第 1 版，定价：38.00 元。）

63

书籍使人进步,电视使人落后?

——从《娱乐至死》谈起

□ 刘兵兄,上次我读到这本《娱乐至死》时,真正是别有会心。你知道,我已经有四年多不看电视了。对此许多人或许会怀疑我不是说谎就是怪诞:你真的不看任何电视节目吗?我真的不看——电视剧、新闻联播、综艺节目、天气预报乃至许多有我自己出镜的节目,我一概都不看。我承认这是我的怪诞好了。

我还可以告诉你另一个极端——和我住在同一个城市的顾晓鸣教授,媒体最近报道他的标题是:《顾晓鸣:家里 13 台电视同时开》,而且是 24 小时一直开着!据说此外还有 5 台 DVD 播放机在播放着各种剧集。他被称为"最疯狂的多媒体体验者”。

现在有人告诉我们，电视是一种洪水猛兽，它将——事实上已经开始——导致人类文明的衰落和灭亡。尼尔·波兹曼认为，电视的出现已经极大地改变了我们的生活，这意思有点像马克思说蒸汽机是一种革命力量。波兹曼可能真的对马克思主义理论有所了解，例如在本书的参考文献中，甚至出现了恩格斯的《德意志意识形态》。不同于马克思的是，波兹曼认为电视是一种有害的力量——尽管它也有革命性。

■ 关于电视，可能我没有你那么极端，更不会像你说的顾晓鸣教授那么极端，我的情形是：很少看；主要原因是：没时间。我设想，如果我有更多的时间，我会有选择地看一部分电视节目——不得不承认，现在虽然可以看到的电视频道越来越多，似乎可看的节目却越来越少。

这里说到电视，其话题当然与《娱乐至死》这本书有关。前不久，在我请著名话剧演员梁国庆为我在清华讲授的“戏剧中的科学”这门课客串讲课时，他隆重地向学生们推荐了这本书。我以前虽然也听说过见到过这本书，却一直没太当回事。最近，在出差的途中认真地看了之后，觉得大出意外，感想颇多。这本书从表面上看，似乎主要是在谈电视文化，但我却觉得，在实质上，它所涉及的问题要远远超出电视这个具体问题，而且，无论就其思想的深度还是文本的可读性，都是我近来所阅读的书中很少见的，读起来，不断有令人拍案叫绝之处。

□ 那你还不赶快告诉我们哪些地方让你拍案叫绝？我先说说让我感兴趣的第一处，是对于电视这一洪水猛兽,波兹曼将始作俑者追溯到电报的发明,这真是一个深刻的见解。他引用大卫·梭罗《瓦尔登湖》中的议论:“我们匆匆地建起了从缅因州通往得克萨斯州的磁性电报,但是缅因州和得克萨斯州可能并没有什么重要的东西需要交流;……我们满腔热情地在大西洋下开通隧道,把新旧两个世界拉近几个星期,但是到达美国人耳朵里的第一条新闻可能却是阿德雷德公主得了百日咳。”自从有了电报,我们就能将万里之外的事情迅速报道在本地报纸上,这些事情被称为“新闻”,而这些所谓的“新闻”通常有两个特征:一、与我们的日常生活毫无关系;二、你知道了这些事情也不会因此而采取任何行动。就比如你知道了万里之外的阿德雷德公主得了百日咳,这既与你在此间的日常生活毫无关系,你也不会打算去为阿德雷德公主送医送药。所以这些所谓的“新闻”,你知道了其实对你没有任何意义,不知道其实对你也没有任何损失。

按照波兹曼的论证,事情就是从电报发明的那一天开始,出现了本质上的变化——从此我们就进入了被信息垃圾包围的岁月,而电视和互联网又使得这一状况变本加厉。

■ 要说起此书令人拍案叫绝之处,恐怕这个对谈的篇幅是不够的。

先说一点吧,即由读此书联想到的关于人们经常会对国内的电视科普进行的讨论。按照此书作者的观点,电视这种传播媒体,由于其娱乐化的形式特点,其实是不适用于传播那些严肃的、令人思考的观点的。我曾记得,国内科普界不断有人提及一件事,即当美国的 discovery 频道工作人员访问中国时,国内有人问及他们做好科普的经验,而他们回答说,他们不是在做科普,而是在做娱乐节目。于是，这里许多人就开始由此感慨我们的电视科普节目的娱乐性不够。

其实，这里面是有一种严重的误解。实际上，discovery频道的工作人员确实是理解了电视这种传播形式的真谛。他们真心地是在做娱乐节目。如果按我们的理解，硬要利用电视去做科普的话，无非是两种结果。一是与电视的表现形式相适应，结果，做出的只是娱乐节目，但这却偏离了我们初始设定的那种科普目标；另一种可能，是按照标准的科普目标去做，结果，因为与电视这种传播形式不相容，导致传播上的失败。可能在我们这里，电视科普存在的问题，恰恰正是后者。

□　我本人倒是可以同意这样的说法。我虽不看电视，但并不拒斥科普，我就是用阅读书籍的方式来接触科普的。但是我相信大部分人不会接受你上面所说“电视不适于科普”的结论。因为我们习惯于将电视——以及几乎一切技术——视为“中性”的东西，电视既然作为一种传播手段，我们就想当然地认为它天然就适于传播一切内容。现在波兹曼明确指出电视并不适于传播某些内容，这确是一个对我们非常富有启发意义的见解。

电视一方面既不适于传播严肃深刻的思想——连科普都不行，另一方面却又非常适于娱乐公众，适于帮助公众消磨时间，那么这种东西大行其道，就会带来可怕的后果。按照波兹曼的看法，这个可怕的后果就是赫胥黎在他的幻想小说《美丽新世界》中所预言的“文化成为一场滑稽戏”。

波兹曼对电视深恶痛绝，他认为自从有了电视，文化的灾难就开始了——电视无处不在，而且它不要思想，只要娱乐。这正好对应了《美丽新世界》中的“如今人人都快乐”。电视其实只是现代化的一个象征物而已，波兹曼担心，由美国电视业所象征的现代文化的娱乐化、平庸化，正在把令我们心驰神往的现代化，变成一个《美丽新世界》那样的“反乌托邦”。

■ 要是想把这样一个话题充分展开，那恐怕就又是一篇大论文了（而且就此书可以像这样展开的地方还有很多，还是容等以后有机会再说吧），不过，就你刚刚谈到的电视科普问题，其实也还有若干可以发挥之处。比如说，当我们说严肃的科普，那又是指什么呢？为什么要进行那样的严肃的科普呢？我前面只是讲，如果采用电视这种娱乐至上的传播手段进行科普可能会偏离某些人原来设定的科普目标，但我并没有加什么价值判断。而且，为什么我们一定要采用电视这种方式进行科普呢？只是因为我们看到这种传播手段对大众的影响力，而根本就没有想到过手段与内容、形式与目标的错位？甚至于，反过来想，一些人原来设定的那种科普目标是否就是唯一的呢？或者说，当我们想到极致，这种电视科普造成的所谓“娱乐化、平庸化”的结果，最终又能怎么样呢？那种《美丽新世界》的预言在文化发展的意义上是否可以避免？如何能够避免？如此等等，这样问题的清单是可以长长地拉下去了。

能够让人继续思考，提出新的问题，这正是波兹曼的书的重要意义。相比之下，其他具体的结论，也许反而相对不那么重要了。

（《娱乐至死》，〔美〕尼尔·波兹曼著，章艳译，广西师范大学出版社 2004 年 5 月第 1 版，定价：19.00 元。）

64

我们能够有一个永远的家园吗？

——从《没有我们的世界》谈起

□　刘兵兄，我们两人最近分别在上海、北京与本书作者艾伦·韦斯曼直接交往过了，这也算一段小小缘分吧。这本《没有我们的世界》，虽然说成是“当代最伟大的思想实验”有点言过其实，但至少思路还是很有新意的——假想人类突然消亡之后，地球会是什么样的光景。

人类在短时间内“突然消失”和逐渐衰亡并不一样——考虑“突然消失”才更具戏剧性，作为思想实验来说也更具冲击力。从现今的情况来看，在可见的将来，人类突然消失似乎是不可能的，但是韦斯曼认为，“建构一个论点，倒也不是全然没有可能”。他想到的可能包括：某种致命病毒的传播导致人类全体灭亡——这在玛格丽特·阿特武德的小说《羚羊与秧鸡》中已经想象过了；或者是人类丧失了生育能力，只有死亡没有出生，由此逐渐“将这个星球还原成伊甸园的模样”——这在影片《人类之子》(*Children of Men*，2006)中也已经想象过了，只是远非韦斯曼所想象的那样安静祥和。韦斯曼甚至还想象了“耶稣或者外星人将我们带走”之类的可能。

■　在我和韦斯曼做电视谈话节目的交流中，我倒是觉得，他一直在淡化这个“突然消失”的原因问题，尽管在其对人类消失后的场景，以及在超出人类消失后场景的其他相关叙述中，人类自身的所作所为可能会是人类消失的重要原因，这个旋律一直存在于背景中。

但这样一来，正像作者所说的，他就可以以更平和的方式，而不是以直接讨论人类消失——他认为那会让读者过于不舒服——的方式来讨论他所想要讨论的问题。如果单纯从情节上看，他对于人类消失之后的种种影像甚至于描述得有些过于细碎，当然，那也会对一部分读者有吸引力，不过我还是觉得，他仍然是试图把他回避了的人类突然消失的原因隐藏在直接讲述的背后。这其实倒也是一种不错的叙述方式。

□　我在上海图书馆和韦斯曼一起面对听众讨论时，他总是将重点放到“人类怎样才能可持续发展”这样的方面，有时甚至有点“布道”光景。其实本书中主要篇幅所讨论的内容，并不是我们人类今天“应该怎么办”，而是人类退出之后“大自然会怎么办”。

韦斯曼依据什么来推测人类突然消失后的地球状况

呢？他倒是相当实证，他主要依据对地球上现今还能找到的某些地区的考察，这些地区或者是人类尚未大举入侵的，或是人类活动因为战争之类的原因而停止了相当长一段时间的。后者看起来更具说服力。比如塞浦路斯东岸的旅游胜地瓦罗沙，因为战争而荒废了两年，结果街道上的沥青已经裂开，从中长出野草不说，连原先用作景观植物的澳大利亚金合欢树，也在街道中间长到一米高了。又如韩国和朝鲜交界处的“非军事区”，从 1953 年起成为无人区，结果这里变成各种野生动物的天堂，包括濒临绝种的喜马拉雅斑羚和黑龙江豹……

■　你刚刚说的，正是我的感受，与韦斯曼的交流，也支持了这种感受。即真正在人类消失后自然怎么办，只是一种叙述形式，背景更深层的，则是以没有人类之后自然的演变为背景，影射人类当前的所作所为及其不当，这才是他所想要做的事。

由此说来，他这样做，还是比较成功的。在一些有趣的描述和设想中，让人有思想实验的感觉，看到人类遗迹在人们身后的存在和变化。但从另一个方面看，他对于改变人类当下行为的重点和策略，却略显朴素。例如说，他只突出地强调人口控制问题等。这也与他不断强调自己只是一个新闻工作者，只是把别人的观点汇集起来一样。不过，毕竟没有纯粹中性的叙述，他还是在叙述的背后充分地体现了其倾向。

值得在此一提的是，当我在谈话中明确直接地问他，与人类当下作为相关的科学技术是否有发展过快的问题时，他是明确地给出了肯定的回答的。

□　真的太巧了——我也问过他同样的问题，他也是给了明确而肯定的回答。

站在地球的立场上看，总体来说人类的退出不失为福音。而且在人类退出之后，大自然“收复失地”的能力之强，速度之快，都超出了我们通常的想象。但是，还有一些人类活动，已经给地球种下了祸根，人类目前是依靠自己的持续活动来保持灾祸不发作，一旦人类离去，灾祸就无可避免——最典型的就是核电站。人类天天严密看管着它们，还难免有恶性事故（比如切尔诺贝利核电站的泄漏事故），一旦失去人类的管理，那些核反应堆和核废料，至少在此后几千年中，“都将成为创造它的智慧生物和靠近它的无辜动物的墓碑”。

看来，不管人类灭不灭亡，伊甸园已经毁在我们手里了。按照这样的推论，就是站在地球的立场上，也不得不祈祷人类还是别退出吧。

韦斯曼在上海时说，人类文明终归有灭亡的一天。不过按照人情之常，我们总是希望人类文明能够长期持续下去，并且发展得越来越先进。也许文明的发展前景无穷，但地球和太阳系的寿命有限。地球对人类来说就像一处住宅，房子不可能亿万斯年地使用下去，终有被废弃之一日，我们必须在房子坍塌毁弃之前，完成两件事情：1. 找到另一处房子（即寻找类地行星）；2. 将家搬过去（即掌握大规模的恒星际航行迁徙能力）。当然，如果在此之前人类已经因为自己的愚蠢而灭亡，那倒就省事了。

■　说到环保，说到此书作者总在提到的可持续发展，我想，这本书是有它不可替代的积极意义的。但我们恐怕也不可对此估计过高。我在和作者谈话的电视节目拍摄时，我曾提出一个说法，即这本书其实是要给道德水准很高的人看的，因为，那些道德水准不高，一心只顾当下、只顾自己的人，怎么会有兴趣关注人类消失之后的地球？那岂不是与自己、与人类没任何关系吗？在这种意义上，我们甚至也可以说，此书也更适合于那些赞同非人类中心主义环境伦理观的人阅读。非人类中心主义的观念，在我们这里还经常会受到许多的质疑乃至批判，不过，反过来，这也正说明了其重要意义。否则，我们恐怕就只能是加速走向一个没有人类的未来。

让人类搬出地球生存，虽然理论上并非不可能，但在可预见的未来，这种可能性毕竟不大。而且，即使这种可能性变成了现实，也未必能根本改变人类的状况——因为照现在的发展逻辑，那未来人类将要搬去的星球的命运，也不会比地球好多少。

（《没有我们的世界》，〔美〕艾伦・韦斯曼著，赵舒京译，上海科学技术文献出版社 2007 年 9 月第 1 版，定价：38.00 元。）

65

那一年，我们进入有限地球时代

——重读《寂静的春天》

□ 这个标题其实有点问题——我们人类从来、从一开始就是处在有限地球时代，只是我们直到很晚的时候自己才知道这一点。所谓有限地球时代，意思是说，地球上的资源是有限的；还有一个平行的说法是：地球净化、容忍污染的能力是有限的。这两个“有限”，在今天早已成老生常谈，可是在1962年，当蕾切尔·卡森用这本《寂静的春天》来强调指出后一个“有限”时，不啻“旷野中的一声呼喊”（美国前副总统戈尔对此书的评价）。全球范围的环境保护运动，可以说就是发端于此书，所以《寂静的春天》如今成为环境保护运动的经典。从那一年开始，我们进入了有限地球时代——是蕾切尔·卡森这个瘦弱的、死于癌症的美国女人帮助我们知道这一点的。

我以前很长时间一直对环保之类的问题缺乏兴趣，《寂静的春天》也是很晚才读的。不过，我还是相当容易就能够接受环保的主要理念。而你就不同啦——我知道你早就和一些民间的环保人士和组织过从甚密，有时还投身于他们的活动之中。如今《寂静的春天》又出了新版，我想这对你来说就不是一般的经典重读了，所以正好借此机会听听你在这方面的见解和评论。

■ 在这里你提了一个似乎并不太好回答的问题。为什么对于我来说就不是一般的经典重读了呢？因而，这就出现了另一个问题：像《寂静的春天》这样的环保经典名著，对于参与环保的人士，和对于那些与环保尚无密切联系或不了解或不感兴趣的人，有什么不同的意义吗？

我以为，世界上现有的各种经典名著已经有许多许多了，甚至仅就经典名著来说，也很难有人能够通通读完。因而，读经典名著是重要的，但并非所有的经典名著都定要所有的人都读。不过，在不同经典名著所属的各个领域中，环保可以说是少数最为特殊的领域之一。说最为特殊，是指其发展直接关系到人类的未来，严重些地说，是关系到人类未来的存亡。而在世界环保运动的发展中，《寂静的春天》又绝对地是带来环保发展重大转折点的关键性作品，那么，这样一部经典，其意义，显然是远远超出于一般意义上的经典作品的。

但在这里，如果作一种更为学理式的讨论，我倒想把问题再延伸一下：对于普通公众来说，读经典当然是好事，但这种阅读在什么程度上是必要的？例如，具体到环保：

一个有着良好的环保意识并致力于环保的人，是否一定就非得阅读《寂静的春天》这样一部环保经典呢？

□ 你的延伸问题很有意思。也许有人会说，一个致力于环保的人未必需要阅读《寂静的春天》这样的经典，就像一个物理学家未必需要阅读《自然哲学之数学原理》一样。但我认为这两种情形其实是不一样的。

大体来说，人文的经典，和纯自然科学的经典相比，具有更大的“重读优势”，为什么会如此，我一时还没有想明白，但这个事实我觉得基本上是可以成立的。例如，重读《自然哲学之数学原理》，对于一个物理学家来说确实没有必要，因为如果想掌握万有引力理论，后来的物理学教材显然更为适用，况且理论的进展又是一日千里，没有一本纯自然科学的经典可以在这个问题上免于过时。而人文的经典则不同，它们的必要性和魅力都是长久不会过时的——如果不是与日俱增的话。

上面这种现象，对于思想性的人文经典来说似乎更为突出。而《寂静的春天》正是一本这样的经典。环保不是物理学，环保中虽然离不开种种科学技术，但在许多层面上，争论的焦点几乎总是人文的。你想，连眼下要不要环保，还会有争论呢（先污染以求发展，致富后再来治理，就是主张眼下不要环保），而谁又会争论眼下要不要物理学？

■ 我在原则上同意你的观点。确实，与自然科学不同，人文的经典并不存在着“过时”的问题，而且在新的学术进展之下，重读经典，甚至会有完全不同于过去的新感受，新收获。其间的原因也包括人文并非像科学那样，在一个特定的时期，对某具体问题有相对一致的主流观。

你刚才提到，环保中(虽然)离不开科学技术，但《寂静的春天》一书，恰恰是从当代科学技术发展中曾被认为是一项重大成就的杀虫剂的应用给生态环境带来的灾难性后果进行讨论，并引发了当代环境保护运动。当然，即使在今天，也还有人相信，解决环境问题，必须依赖于科学技术的进一步发展，但这种假定至少有两个关键性的问题：其一，从历史的经验来看，即使是在对现有环境问题的解决的前提下，未来的科学技术发展及其应用是否会带来更多更新的问题，这并非没有可能；其二，即使就目前我们面临的现实的环境问题来看，也依然无法回避环境问题的人文与社会性，即只有科学技术，是绝对无法解决生态环境问题的，这也正印证了你刚提到的观点，即如今在环境问题许多层面上的争论的焦点几乎总是人文的。

《寂静的春天》一书作为经典，还有另外一层历史的意义，即这部书出版后，曾引起了那些在工业、农业等领域经济既得利益者们和科学主义者们的强烈反对，甚至如今，事关环保的许多问题仍然处在非议中，这也就正加强了在当下鼓励人们去阅读这部经典作品的现实价值。

□　即使是对于科学技术问题，重温经典也有其意义，其中一个重要方面就是通过重温经典可以“思考最基本的问题”。比如，杀虫剂造成的危害，是《寂静的春天》中重点讨论的问题，在这个问题上，我就有一个外行的猜想，简述如下：

据我们现在得知的情况，我们在虫害问题上面临的是这样的局面：我们研发出一种新的杀虫剂，使用不久之后虫就通过变异使自己获得抗药性，于是我们就再研发另一种新的杀虫剂,然后虫又变异而获得抗药性,我们就再研发,虫再变异……如此循环不已。虽然我们已经研发了无数品种的杀虫剂,并付出了河流、水源、植物等等受到污染的代价,但是“华佗无奈小虫何”,虫害并未绝迹。

然而在杀虫剂发明之前,人类在漫长的古代早就有农业和园艺,没有杀虫剂,古人也一直在种植粮食、蔬菜和水果。当然他们会遇到虫害,但他们也经常享受着丰收,而他们的环境没有受到污染。自从有了杀虫剂之后,我们如今已经离不开杀虫剂了,而虫害仍然伴随着我们。也许虫害是减轻了一些(也许未必),但我们却付出了环境遭受不可挽回的污染的沉重代价。

那么想一想,杀虫剂是不是很像一个魔鬼?它一旦从瓶子里被放出来,就无法让它回去了。更要命的是,这个魔鬼可能扰动了大自然在这方面的秩序,破坏了人类与昆虫之间长久以来的共处状态,使我们陷入了如今这种进退维谷的境地。

再想一想,是谁将这个魔鬼放出来的呢?

■ 要说起来,到目前为止,被人们放出来的魔鬼可不只是杀虫剂。像现代医学中的抗生素,不也是面临着很类似的情形吗?像杀虫剂或抗生素这样的东西的被发明,其实背后存在着一种要与自然对抗的思维方式,这也就像人类其他与自然的对抗一样,在初级阶段或某些阶段,也许能取得某些人类认为是对自己有好处的结果,但长久地看,特别是从历史的视角来看,最终还是人类在对抗中变得越来越无计可施。

这样,带来的问题就是:第一,我们是不是应该放弃这种与自然对抗的思维与行动,而转向一种非对抗性的、和谐的与自然相处的生存方式？第二，在目前已经处在对抗中而且已经感到了自然的威力的人类，是否还有可能做出这样的改变？还有，现在阻碍我们做出这样的改变的真正阻力又是什么呢？人类是否能够战胜自己的弱点呢？

对上述问题的回答，也许因人而异。但那确实又是人类不得不面对的尖锐，甚至于对人类未来的发展生死攸关的问题。

当我们重新阅读《寂静的春天》这样的环保经典，我们就会再一次被提醒着：那些问题是我们所无法回避的！

（《寂静的春天》，〔美〕蕾切尔·卡森著，吕瑞兰等译，上海译文出版社 2007 年 12 月第 1 版，定价：28.00 元。）

66

文化正在向技术投降

——从《技术垄断》说起

□ 刘兵兄:你还记得去年我们在北京开第六次科学文化讨论会时,有一天晚上大家热烈讨论的那个主题吗?——我们能不能找到一个有效的判据,来判断今天的科学是否已经发展得太快了?或者说,科学发展从什么时候开始由“适度”变成了“太快”?当然,那天晚上我们未能找到这样的判据,但是无论如何,这确实是一个值得思考的问题,所以最近一年我的思绪常常会驻留在这个问题上。

真没想到,在这本《技术垄断——文化向技术投降》中,我竟发现了一个可以说是和上述问题平行的思路。波斯曼将人类文化分成三种类型：

一、“工具使用文化”，持续时间是从古代到中世纪，在他心目中，这种文化似乎最令人满意。二、“技术统治文化”，大致从16世纪开始，一直持续到如今，这种文化已经不太好，但还勉强可以接受。而到了“技术垄断文化”，则使他痛心疾首深恶痛绝了。在波斯曼写这本《技术垄断——文化向技术投降》的1992年，他认为世界上只有美国一个国家进入了“技术垄断文化”。但是经过15年之后，我想这样的判断肯定需要修正了，因为今天早已经有更多的国家进入了这种文化。

为什么说是“平行的思路”呢？因为我们大致上可以这样对应：“工具使用文化”对应于科学发展的“缓慢”时期；“技术统治文化”对应于科学发展从“缓慢”经过“适度”然后开始走向“太快”；“技术垄断文化”自然就对应于科学发展“太快”的阶段了。

■　你一上来就把波斯曼的这本书与我们科学文化领域中颇有争议的问题联系起来了。不过，我想，面对更多的读者，也许我们还是先简要地谈谈波斯曼其人其书为好。以前，我们曾在这个栏目中，谈过波斯曼的另一本书，即《娱乐至死》(那本书中译本将作者译为波兹曼)。其实，《娱乐至死》，加上我们现在谈的这本《技术垄断》，以及另外一本《童年的消逝》，成为其著名的“三部曲”。其间的观点，也有着许多相同相似的地方，当然，在论及不同的主题时，其观念也有发展。从专业角度来说，他本是著名的传播学学者。但其“传播学研究”中，却在相当的程度上，把科学与技术的问题与传播问题联系起来。他从传播学的特定视角，对于科学和技术在社会中的作用和影响给出了很有见地的讨论，而且，这种讨论与我们科学文化领域中的有关讨论在有所区别的同时，又显然有着密切的相关性，也带来极大的启发。可以说，我们正是在这样一位有影响的传播学学者那里，看到其对于科学和技术问题的有益探讨。

在这本《技术垄断》中，依然是同样，不过，与《娱乐至死》相比，这本书似乎要更接近于科学文化研究的主题——尽管其中许多事例还是与传播问题关系密切。

而恰恰就是这样一部书，让你想起了我们曾讨论和争论的问题。至少，从波斯曼的字里行间，我们确实能够感觉到，他是认为在今天科学和技术的发展是有些过快了。那么，第一个问题就是，对于一个传播学者（而非科学文化、科学哲学、科学史等领域的专业学者）的这样的观点，我们应该如何看待呢？

□　说实话，在接触波斯曼的媒介批判思想之前，我虽然早已经不看电视，不看网上新闻，但并未深入思考过这方面的问题，更未曾将科学技术的发展与现代传播的意义联系起来考虑（至于现代传播使用科学技术手段这类表面上的联系，在这里并无意义）。

我觉得，真所谓“条条大路通罗马”，无论是从传播学，还是从科学文化、科学哲学、科学史，思考到深处，都会殊途同归，最终都会到达“科学技术是否发展得太快了”这个问题面前。因为这个问题是涉及到某种终极的价值判断的。

所以，当我看到波斯曼在一条平行的道路上，并且也走向我们正在寻找的目标时，我立刻产生了兴奋、欣慰和亲切的感觉——我想这应该就是古人所说的"吾道不孤"之感吧。当然,波斯曼在平行道路上的探索,也给了我们非常重要的启发。

■ 是的,你说的问题,恰恰就是所谓的各种表面上有所不同的领域和主题的研究完全是可以殊途同归的。而且,恐怕只是像波斯曼这样的大家,才真正有可能做到这点。相反,更多的学者们,却囿于自己狭窄的专业领域而无法突破自身。就仍以传播学研究为例吧。在我们所谈的波斯曼这本书所在的丛书的总序中,就提到了他属于继经验学派、批判学派之后的第三学派,即媒介环境学派。尽管对于这个第三学派我们现在还接触不多,了解不够,也许有些分类上的问题还可以争论,但在我平常直接间接的接触中,却曾感觉到,国内一些研究传播学的人,还只停留在经验学派的阶段,只关心那种传播形式、效果和机制的东西,而对传播的内容则少有关心。至于像波斯曼这样,甚至能在更大的程度上跳出原有的问题,能够独辟蹊径地思考技术手段对于传播内容的实质性影响,进而对于科学和技术问题本身又有独立的认识,这就充分显示出他的与众不同。

但我们在意识到了他的独特性之后,是否真的能够接受他那些在我们这里确实显得有些惊世骇俗的观点呢?

□ 我是完全能够接受的。事实上,我现在对波斯曼相当佩服,我认为他已经是我们这个时代最有力的批判者之一。他的这些观点表面看起来似乎惊世骇俗,其实稍加思考就会发现它们并不是难以接受的。我们之所以会感到惊世骇俗,主要是因为我们先前从来没有在他的思路方向上思考过。

例如，我们一直认为“信息”是一种好东西，我们能够获得的信息越多，我们的工作就会越有效，我们的生活就会越美好，所以我们热烈讴歌“信息社会”。可是波斯曼却从反面来看这件事：他认为信息泛滥是一种灾祸，人类文化的健康要求我们抵御信息的泛滥，“法庭、学校和家庭仅仅是信息控制制度的三个例子，它们构成文化的信息免疫系统”，可惜的是，如今面对信息的泛滥，至少后面两个已经开始崩溃了，而“抵御信息泛滥的防御机制崩溃之后，社会遭遇的后果就是技术垄断”。在先前的《娱乐至死》一书中，他对此有相当详细的分析，他表明，如今现代媒体向我们提供的所谓信息中，绝大部分都是对于我们当下生活毫无意义的垃圾。

他20多年前的上述思想，放到今天依旧完全适用。例如最近的“艳照门”，所谓的“信息”不啻铺天盖地，可是这些信息对我们有什么意义呢？我们会因此而去采取什么行动吗？我们会去安慰阿娇或指责陈冠希吗？其实对于绝大多数人来说，我们什么也不会去做，我们只是“知道”而已。而且，所有这些“信息”，其实都是媒体塞给我们的，它们对于我们当下的生活毫无意义。

■　在这里，我倒是想对你最后一段论述稍加议论。以你举的“艳照门”为例，许多这类信息的受众也许不一定同意你的结论，甚至于，他们会说他们反而觉得这些信息正是他们想要的，是有意义的，甚至要主动去在网上搜寻。因而，也许更确切的说法是：其实当下许多充斥于各类媒体的信息，对于人们当下生活的意义，只是如今的技术社会所建构出来并加之于受众的，只不过绝大多数受众并没有意识到这样一种“阴谋”而已。

而这也恰恰说明了，真正有意义的学术研究，更多的是表现在那种与众不同的、具有批判性反思之中的。波斯曼的学说就是这样一个典型的例子。

(《技术垄断——文化向技术投降》，〔美〕尼尔·波斯曼著，何道宽译，北京大学出版社 2007 年 10 月第 1 版，定价：22.00 元。)

67

没有弗洛伊德，人类能生活得更好吗？

——关于《弗洛伊德批判》

□　看到这本《弗洛伊德批判》，我一下想到好几个问题。

首先是“社会科学”这个习惯说法。以前我曾经发表过关于此事的看法，认为这个说法甚至可以废除，还是用“人文学术”这样的表达更好，结果还遭到某些科学主义人士的批判，因为他们希望将科学方法应用到一切方面。当人们带着这种期望来看待人文学术时，当然愿意将人世间所有学科都以“科学”名之，所以人文学术就叫“社会科学”，人文学术研究的项目也叫“科研项目”，而“什么什么是一门科学”的说法也就可以加到几乎一切学问之上。按照这样的思路，“弗洛伊德学说是一门科学”的说法似乎也就顺理成章了——至少是“社会科学”嘛。

我因为涉足性学研究领域，很早就关心弗洛伊德学说，他的著作只要有中译本的我几乎可以说是收全了。其实中国人很早就开始接触弗洛伊德学说了——例如，早在上个世纪 30 年代，施蛰存等人就开始创作反映弗洛伊德思想的历史小说了。而从上个世纪 80 年代开始，几乎所有弗洛伊德的重要著作都已经引进到中国，我们甚至开始习惯于将弗洛伊德与马克思相提并论，视之为对 20 世纪人类社会最有影响的思想家。

在这样的氛围之下，国内出版物中对弗洛伊德学说的批判是相当少见的。我唯一注意到的一点，是从波普尔的学说出发，指出由于弗洛伊德学说是不可证伪的，所以它没有资格进入科学的殿堂。这一点我当然早就同意。但世间不是只有能进入科学殿堂的学说才具有存在的价值，弗洛伊德学说即使不是科学，也仍然可以有其价值，所以这一批判尚不足以动摇弗洛伊德学说的地位。

这样看来，现在这本全面批判弗洛伊德学说的《弗洛伊德批判》，对于中国读者来说就很有点“大开眼界”的作用了。

■ 确实，弗洛伊德无论在中国还是在外国，长期以来一直都是一个热门话题。就个人经历来说，我大概是从上个世纪 70 年代末上大学开始，虽然是学物理，但在当时大的社会文化环境的影响下，我也已经开始读一些弗洛伊德的作品，甚至于与心理系的同学就他的学说进行很激烈的争论。在 90 年代初，因为研究科学编史学的需要，开始关注心理史学，于是又再次重新阅读一些弗洛伊德的著作。正是在那时,给我留下很深印象的一本书,恰恰也是对弗洛伊德的理论以及主要以其理论为基础的心理史学进行“科学主义”批判的著作,即美国人斯坦纳德所著的《退缩的历史——论弗洛伊德及心理史学的破产》,那本书早在1989年就出版了,不算厚,但在当时的国内似乎没有产生太大的影响。

当然,当时读到那本批判弗洛伊德理论的书,一方面好像被其有关弗氏理论不“科学”的论证所说服,而另一方面,又因为对心理史学颇感兴趣,又不能那么轻易地放弃弗洛伊德的全部理论,因而似乎是处于一种比较矛盾的心态。在将近20年之后,再阅读这本新出版的《弗洛伊德批判》,觉得自己在对于何为科学等相关问题有了更多的思考时,问题似乎相对想得清楚了一些。

其实,说到这里,有许多问题是无法回避的,例如:我们如何定义科学,科学的定义是否有宽有窄,人文学科、社会科学和自然科学的关系究竟如何,人类在认识自然以及人类自身时,需要用到什么知识?这些认识是否一定限定于唯一一种类型?这样的认识是否可以是多元化的?在对上述问题的不同回答中,才可能对弗洛伊德的学说给出定位。对此你以为如何?

□ 我倒觉得这不一定有多重要——随着对“科学”定义的宽窄不同,弗洛伊德学说的“科学”资格也就可能得到或失去,但这归根结底只是定义问题。而这本《弗洛伊德批判》中对弗洛伊德学说的批判,大部分似乎与这个问题无关——全书共分五部分,只有第三部分与此有一些关系。

本书的作者们试图从根本上质疑和否定弗洛伊德学说。例如，本书第一部分就对弗洛伊德学说当初形成的某些基础性案例，诸如著名的安娜 O. 小姐的病例等等，进行质疑和否定。这一部分给我的感觉是：关于这些问题的争论，本来从一开始就是存在的，只是后来弗洛伊德学说大行其道之后，这些争论就渐渐被人们遗忘了。如今本书作者们重提旧案，再次对这些争论进行考察。

当然，仅仅否定安娜 O. 小姐的病例等等是不够的。要批判弗洛伊德，就不可避免地要对弗洛伊德学说后来为何能够如此盛行做出解释。而这就是本书第二部分试图完成的任务了。

■ 我想，问题在于，如果仅就弗洛伊德学说建立于其上的基础性案例的真实性进行讨论，那当然是很重要的讨论，不过，在过了这么多年之后，这种探索的困难将会很大，而且，也许更属于是心理学史家们的工作了。但正如你说的，要对为什么弗洛伊德学说后来会如此盛行做出解释，那就是另一个问题了。

在科学界，经常有这样的情形，即一种理论的提出，在其初始阶段，也许建立于其上的出发点和相关依据，后来人们会发现实际上是有问题的。但这样的理论却并非因提出时所依赖的基础的不恰当而被抛弃，甚至于会在后来流行起来，被后来的研究者重新给予新的基础。因而，在你说的后一个问题中，我想到的是，当弗洛伊德理论在后来如此流行时，当它被众多的心理分析医生用作理论基础时，到底它是否起到过有效的作用？因为确实很难设想，当一个从根基上有问题或者根本就不成立的理论，会在如此长的时间中一直蒙蔽如此众多的医疗实践者和被实践者(也即患者)。

不过这又会涉及到何为一个理论的有效性的检验标准的问题。而当说到检验标准的问题时,就无法回避何谓科学,以及按照哪种科学的标准进行检验了。比如说,我觉得,许多对弗洛伊德理论进行批判的人,所采取的标准,正是那种当代精密的实证科学的标准。而问题又在于,偏偏弗洛伊德本人最先用科学这个词来指称其学说(见该书256页)。于是,也就有了将其学说作为伪科学的批判。

□　这就是我以前常说的“伪科学皆自成其伪”了。弗洛伊德自己确实说过“精神分析是一门科学”这样的话,这当然变成授人以柄。其实在今天看来,承认精神分析不是一门科学,并不妨碍它仍然是一门学问。

不过,这本《弗洛伊德批判》给我的印象,颇有些像是弗洛伊德敌人的一面之词。本书作者们将弗洛伊德描绘成经常撒谎、嫌贫爱富、趋炎附势、自我包装的伪学者。而他的学说又都是建立在虚假病例和谎言之上的胡说八道,既不能用来治愈病人,也不能在分析小说电影时带来什么积极作用。如果真是这样,弗洛伊德学说怎么可能在全世界获得如此巨大的成功,产生如此深远的影响?难道全世界的学者都是弱智?

随着我对本书的阅读接近完成,我对弗洛伊德的同情反而开始滋生起来了。我觉得本书的立场过于极端,例如,在反复谈到的那些弗洛伊德的著名病例时,本书作者采用的叙述都是单方面的,而不是力求在两造的陈述中做出判断。换句话说,本书基本上是“主题先行”的产物——已经预先定好了弗洛伊德的罪,然后去寻找罪证以证成之。

■ 我非常同意你的看法。不过，好像我也有些“主题先行”，在没看此书之前，就已经很有些不同意那些极端的看法了，当然这也许和我以前读到过类似的读物有关。

说到弗洛伊德的理论是不是科学，其实就又回到了我们多次谈过的老问题上来。或者，也可以说它是科学，但它又不是像物理和化学那样典型的精密实证科学，这样，我们可以把科学的定义拓宽，让科学“多元化”。或者，你也可以仍然坚持只有像物理和化学那样的学问才是唯一的、真正的科学，尽管对于其他不属于这种科学的东西，仍然充分承认其意义和价值。前一种做法，应该是我和一些朋友鼓吹的在科学之定义上的“宽面条”，而后一种做法，则是你和另一些朋友所坚持的“窄面条”。在这方面，我们又是有些分歧的。

但在上述分歧的前提之下，我们似乎又没有太大的分歧，因为，我想你肯定会同意，弗洛伊德的学说之所以在全世界获得如此巨大的成功并有如此深远的影响，那自然也是因为它本身具有在理论和实践方面的价值所致，换句话说，也就是人们对于这样的学说，是有其需求的，而它也恰恰具有满足这些人类需求的功能。在此意义上讲，回到我们这次谈话的标题上来，那么，结论显然就是：如果没有弗洛伊德，人类恐怕未必能生活得更好。如果用中式语法从正面以肯定句来讲，那就是，因为有了弗洛伊德，人类也许会生活得更好些。

（《弗洛伊德批判》，〔法〕卡特琳·梅耶尔主编，郭庆岚等译，山东人民出版社2008年1月第1版，定价：68.00元。）

68

宇宙尺度下的资源争夺与发展策略

——从科幻小说《三体》出发进行思考

□　我现在看科幻小说和电影，都已经戴上“有色眼镜”了——首先看作品的思想价值。具体来说，我一是看作品是否提出了有价值的问题，二是看依据作品所构造的故事，能否从中发展出有价值的问题。至于科幻小说和电影的文学手法、艺术表现之类，在我看来是第二位的。当然我知道这只是我个人的偏好，未必有普遍意义。毕竟，一部小说或电影如果没有足够好的文学艺术水准，归根结底是无法吸引观众的。

刘慈欣的长篇科幻小说《三体》，以前在《科幻世界》杂志上连载时，我就看过一些片段，这次小说单行本出版，我就从头开始看，结果很快就被吸引，就一气看完了。既然它能够吸引我一气看完，足见在文学上也已经达到很好的效果。小说的文学水准不是我关心的问题，但是透过我的"有色眼镜"，我认为《三体》在思想层面具有更高的价值。尽管我可能与作者在思想观念方面并不一致——2007 年 8 月我们已经在成都"交锋"过一次，但我必须承认，《三体》在思想的深度和力度上都是非常出色的。

这部小说你也很快就看完了，能不能先听听你的感觉？

■ 说来惭愧，不像你那样热心科幻，这还是我第一次看刘慈欣的科幻小说。而且，在以往，我看那些涉及到科学问题的国外通俗畅销文学（比如像克莱顿、丹·布朗等人的作品）要更多些，而对比较严格意义上的科幻小说——可能是源于某种在过去的阅读经历中形成的心理——一直没有太大的兴趣。但近来，看到一些国内热门的科幻作家的书，却发现还是很可读，而且很有一些思想性和启发性的，比如说前不久我们曾谈过的王晋康的《蚁生》，以及这次刘慈欣的《三体》。

这本《三体》，我也差不多是一气呵成地读完的。关于其思想的深度和力度的问题，我们可以在后面再展开讨论，这里先说一下一般性的感受吧。我觉得，作为科幻小说，《三体》在构思的大胆、新奇程度上，可以说是相当令人拍案叫绝的。而且，在故事的展开中，体现出了特殊的中国背景和中国特色，其中，把"文革"这段历史巧妙地放入到故事当中（其实王晋康的《蚁生》也是如此），是很值得赞赏的写法。在颇具可读性的情节背后，对于一些科学前沿知识和问题的科幻式利用，以及对于外星文明这一科幻传统主题在联系到地球上科学技术及其哲学争论的结合与拓展,都是让人印象深刻的出彩之处。要对它进行思想性方面的分析讨论,这些作为科幻要素的前提,显然是不可忽略的。

□ 我觉得,《三体》中的故事可以引发若干个非常深刻的问题,这里我们不妨先讨论其中的一个。

在小说中,因为三颗恒星的运动(三体运动)是难以预测的,它们已经吞噬了12颗行星中的11颗,所以文明多次发展起来,又多次中途灭亡。当故事开始时,"三体文明"虽然已经发展到明显超过地球文明的程度,但是资源濒临耗竭,而且承载着文明的最后这颗行星随时都有被吞噬的危险。此时,几乎是走投无路的"三体文明",因为一个偶然的机会,发现了4光年之外的太阳系和地球文明。我们这个只有一颗恒星的太阳系是稳定的,可以让文明长期持续,这对"三体文明"来说是无法抗拒的诱惑。于是"三体文明"决定孤注一掷,倾全力远征地球,夺取整个太阳系。

一个高级文明,因为资源濒临耗竭,环境行将崩溃,急于寻找出路,于是决定用武力侵略邻邦,夺取"生存空间"(当年希特勒的措词)。这样一个故事,完全可以缩小空间尺度而平移到地球上来。事实上,今天地球上的发达国家正在对第三世界扮演着"三体文明"的角色——不同的只是,他们不是用小说《三体》中的1000艘太空战舰,而是用全球化背景下的经济手段。经济手段当然比武力征服要人道些,温柔些,但夺取资源和夺取生存空间的实质是一样的。

面对“三体文明”的这种侵略，地球文明将如何应对呢？或者转换一下问题：面对发达国家的资源争夺战，第三世界将如何应对呢？

■ 确实，从这本小说出发，可以引申出许多话题来讨论。你说的第三世界面对发达国家的资源争夺，对策其实也还可以有许多种，也还不至于一定就是令人绝望的结局。不过，我倒是想在这里先顺着你的问题再延伸一下吧。我觉得，在这里面，是有一些深层的东西在背后隐藏着的。例如，这里假设着，即使是像“三体文明”这样的外星文明，其生命（如果可以这样讲的话）的本性，也同地球上的人是一样的，也奉行一种弱肉强食的逻辑。而且，在“三体文明”那样一种专制的社会中，可以发展出更高级的科学技术手段（类似的历史在地球上，比如在你刚提到的希特勒纳粹政权时已经验证过了的），而且那样的社会制度反而是更有效率的发展环境。不过，显然这样的社会制度是非人性的。那么，当面对这样强大的外星非人性的文明的入侵威胁时，地球人应该怎么办？甚至于外星人都已经想到要先抑制地球上科学技术的发展并诉诸相应的阴谋措施。这似乎是提出了一个两难的困境。也正像你在本次对谈的标题中所预示的，那只是把地球上曾经出现和正在出现的资源争夺放大到宇宙尺度而已。

其实，仅仅面对地球上在制度上的不公正（包括像全球化所带来的严重的现实与潜在的后果），面对地球人在意识上（包括在如何对待科学技术及其应用方面）存在的问题，就已经够我们疲于应付而仍难以得出令人满意的解决方案了，更何况，当这样的问题成为一个宇宙性的（至少是比太阳系要更大的局部宇宙性的）问题时，恐怕就更难有什么简单可行的对策了。

不过,如果我们思考一下刚才说到的前提问题,也许还可以讨论的是:我们一定必须假定其他外星文明都遵循着与我们地球人类一样的人性逻辑吗?如果他们真是有更高级智慧的生物,那么,除了他们在科学技术上更高级和先进之外,在人(姑且还用这个词吧)性上,就也一定是那样的不明智吗?我们地球人在天性上的问题,难道真是全宇宙普适的吗?

□ 你设想的情形确实也有可能——外星人不像我们那样奉行弱肉强食。但是,在人类现有的思维局限下,我们显然认为,我们必须为最坏的局面——外星人和我们一样奉行弱肉强食——做好准备。

小说《三体》中假想的人类社会是这样应对的:世界各大国都决定采取联合行动,共同抵抗“三体文明”的侵略:五角大楼的秘密会议室中出现了中国人民解放军的高级军官,而北京的军方绝密高层会议中也出现了美军和北约的高级军官。这些场景意味着,在大敌当前时,地球人决定团结起来。或者,再次转换一下问题:面对发达国家的资源争夺战,第三世界的国家内部,以及国家之间,首先应该团结起来。

但是,事情当然没有那么简单。在小说《三体》中,地球上有一个秘密组织,其宗旨是迎接“三体文明”的入侵——这可以被视为一个“地奸”组织。这个组织的最高秘密领袖,女天体物理学家叶文洁,当年曾向“三体文明”发送过这样的信息:“到这里来吧,我将帮助你们获得这个世界,我的文明已经无力解决自己的问题,需要你们的力量来介入。”正是她这条引狼入室的信息，让“三体文明”锁定了地球方位，发现了征服目标。

我觉得《三体》中用浓墨重彩描写的这个秘密组织及其女首领，完全可以对应于第三世界国家中那些亲西方的势力。也许在小说作者看来，这些男男女女的叶文洁们，即使在主观上有为人类社会种种难题寻求解决之道的原初动机，却终究难免成为侵略者的“第五纵队”的客观效果。这会不会是作者的一个隐喻呢？

■　当然，你可以这样把它理解为作者的一个隐喻。不过，在作者设置的情节中，“地奸”的存在，是以地球上（至少是地球上局部地区某些时期）制度的非人性为背景的。当人们对于自己周围的制度丧失信心之后，转而想极端地借助于外部力量改变甚至报复，而不计更长远的后果，这是可以想象的。这种外部力量，在此书中倒真正是外部——地球之外的外星文明（这里用文明一词都已经要作些对此词之原意的限定了）。《三体》中另一个重要角色伊文斯不也是因为其生态环保理想破灭而转向彻底背叛地球人类吗？

不过，有“地奸”也罢，没有“地奸”也罢，只不过是在地球人与“三体人”之间的抗衡中加入了一个难度因子而已。在《三体》中，最后也还是将“地奸”加以消灭。但最终，作为在科学技术上弱势的地球人是否能够抵御三体文明的入侵而幸存呢？至少在此书中作者并未给出明确答复。不过，书里却还是隐含了某种为了生存地球人必须更快地发展科学技术的倾向。

这倒也有些像在全球化的语境中，第三世界为了发展和生存也要“赶超”式地以西方模式来发展科学技术、发展工业文明、追求现代化一样。而实际上，这样的“赶超”未必现实，也可能永远赶不上，也可能赶上了，最后因为在这种发展中带来的更严重的问题而使大家更快地一起走向人类的终结。

上述思考，其实是一种一元化发展的思路。也许，还可以换一种思路来想问题。那就是，第三世界一定要以西方的模式来“赶超”式地发展以求生存吗？放大些，在宇宙的尺度上，在宇宙中仍然是有限资源的前提下，地球人一定要靠坚持现有的（也是作者设想三体人已经高度发展了的）科学技术的模式并更为加速地发展，才能够拯救自身吗？

（《三体》（“地球往事”三部曲之一），刘慈欣著，重庆出版社 2008 年 1 月第 1 版，定价：23.00 元。）

69

我们将永远与疾病为伍吗?

——谈《剑桥世界人类疾病史》

□ 刘兵兄,这回我们要来谈一本有点吓人的书了——16开1000余页,总共220多万字的鸿篇巨制《剑桥世界人类疾病史》。我承认,我到现在也只读了其中很小的一部分。我还敢肯定,你也没有时间将它全部读完。

一本我们都没有通读过的书,我们可以谈吗?

这不仅是读者一上来就很可能产生的问题,也是我自己要问自己的问题。

当然,我可以辩解说,我们在这个专栏中经常做的事情之一就是"替人读书"——这四个字已经被吕大年用来作为他一本小集子的书名。

所谓替人读书，我认为有两种情形：一是为那些可能会阅读此书的人，提供此书的价值、意义、理解的路径等等；二是为那些不打算阅读此书的人，提供有关此书内容梗概及某些有趣之处的信息。在这两种情形之下，通读全书都不是绝对必要的。

让我们还是言归正传吧。

此书中文版也是国内许多学者多年努力的结果，所以关于此书我在它出版前就有所耳闻。最初我曾想当然地将它与某种医学史著作等量齐观，现在展卷披阅，才发现两者其实有相当大的不同——它们只有一部分交集。

在本书主编看来，本书在某种意义上形成了1860年《历史地理病理学手册》——他称之为“里程碑式的鸿篇巨制”——的升级版。在本书主译者张大庆教授看来，本书最重要的意义之一，是“对疾病整体演化趋势的把握”——而这正是当年《历史地理病理学手册》所努力的目标。我感觉，上面这两点可能是理解疾病史与医学史之间异同的一个有效路径。

■ 你说得不错，我确实没有看完。不过，说是否看完这种问题，似乎有些像我们都经常被问到的另一个问题，即：你收藏有那么多书，难道都读过吗？我想，我们对于这一问题的回答，恐怕还是很接近的。

至于具体到这本疾病史，是否读完，实际上要比刚说的那个问题更好回答。因为，我以为，这本来就是一本具有百科全书性质的大书，而百科全书本来就主要是用来查阅的，而非用来一篇篇通读的（尽管也有例外者，如你我的朋友汪前进先生，据说就曾通读《大不列颠百科全书》，但那恐怕只是个别的例外了）。

不过,即使用于一本有百科全书性质的书,在读过一部分之后,也还是可以有些判断和评论的。对于这本疾病史也是如此。而且,在其第Ⅷ篇之前,像关于医学与疾病的概述部分,像"变化中的健康与疾病的概念"等篇,也都相当具有一般意义上的知识性和某种学术意义上的可读性。因此,我想如果要分析此书,一种可能的方式,就是将前面这些作为背景和准备知识的部分中所体现出来的特点,以及对后面作为主体部分(也即各种不同人类疾病专门史的条目部分)分开来谈。你看如何?

□ 我首先注意到一点,尽管主编在中文版序中,一上来就为"在这部著作中不可避免地存在着西方那种'欧洲中心论'的偏见"而表示抱歉,但这看起来只是表明这位主编对于纠正这方面的偏见非常重视;或者说,这已经有点像好客的中国主人在用满满一桌佳肴招待客人时,嘴上却说着"没什么菜,凑合吃一点"之类的客气话一样——事实上,本书已经是非常的不欧洲中心论了。

例如,在第Ⅰ篇中,总共四章,除了第四章"疾病、人口迁移与历史"之外,前三章依次是:"西方医学史:从希波克拉底学说到病菌学说"、"中国医学的历史"、"伊斯兰医学与印度医学"。这样,中国、伊斯兰、印度的医学已经被置于和西方医学平起平坐的地位。在此后的论述中,作者也保持着这样的态度。他总是区分"东亚疾病观"与"西方的疾病概念",而在区域性综述疾病的历史时,总共只安排了两篇:即第Ⅴ篇"亚洲以外的世界人类疾病史"和第Ⅵ篇"亚洲人类疾病史"。

至于本书主编为何还要在中文版序中为本书可能出

现的“欧洲中心论”预先致歉，看来是因为担心在本书的第Ⅷ篇中，逐一论述“主要人类疾病的过去与现在”时，那些世界各地的撰稿者，未必都会像他本人那样注意这个问题。这一篇占据了全书一半以上的篇幅，是本书中最“百科全书”的部分。

■ 确实如此。正因为如此，这本书的前七篇恰恰可以当做专著性的作品来读，而那作为主体的“百科全书”式的条目性部分，则更有可能是作为资料备查的。不过，这后一部分，其实学术含量也是相当之高的，足以成为许多研究者的研究起点。

当然，作者有为“欧洲中心论”而抱歉的做法，也许与在主体中实际条目中的内容部分地有关。毕竟，在那些具体的疾病史条目中，无论是在疾病分类上还是在具体的疾病史内容的叙述上，西方医学的思路还是主流。但在前面那些论述，反而正是从理论上试图描绘出一幅多元医学的图景。只是，仅有这种理论上的思考依然不是很充分，也许，这正暗示着，研究者们在未来更需要在那种多元医学的立场上，针对不同于西方医学（其实更确切地说应该是当代西方医学）的其他“地方性”医学的历史和现实进行更加深入的研究。

就此书在北京召开的首发式上，曾有医史研究者提出，其实早年传教士在中国已经撰写甚至出版了相当系统的对于中国疾病史的系列研究报告，只不过，这些研究成果在某种程度上仍然没有广泛传播从而也没有引起人们的足够重视。当然，这种被忽视也许仍然是与长期以来西方医学的强势地位以及连带导致的西方医学史、西方疾病史研究的强势有关。可喜的是，现在这种理论上的新变化至少为未来的研究方向的转变提供了可能性。而从人类自身的利益来说，毕竟疾病是人们难以摆脱而且无法忽视的自然现象，因而这种多元医学研究的必要性也是显而易见的。

□ 读此书时我还有另外一个奇怪感想，那就是：疾病究竟是什么？——它们是早就存在于客观世界中的，还是人类随着文明的发展而逐渐建构出来的？

本书在这个问题上，采取了各种想法都有所反映的做法。我们既能看到“相信疾病是具有自身存在的真实的实体”的本体论观点，也能看到生理学家认为疾病“是一段时期内某人身上的一个独特过程”的观点。激进的本体论观点甚至认为，一次成功的手术“可以把病人与其疾病分开，它将病人送回床榻，而将疾病放到瓶子中去”。而 19 世纪的 C. 伯纳德则认为：“探索生命的起源或者疾病的本质是在浪费时间，是在追逐一个幻影，生命、死亡、健康和疾病，这些词都没有客观实在性。”

本书作者当然认为伯纳德在这个问题上“只是部分正确”。但是作者也明确认识到：“疾病的定义在历史中随时间和地点而变化”、“疾病最终是由构成一个特定社会的那些人的话语和行为来定义的”。例如，本书在论述中国上古的疾病观念时，正确地指出，“最早的疾病观念的特征是它们与身体的概念无关”，因为中国人曾经认为疾病是来自祖先（对现今后代的行为）的不满，后来则认为疾病来自寄生物、毒药、恶魔、巫术、符咒等等，直到战国时期才将疾病与人的身体状况直接联系起来。而实际上，上古的那些观念在后世也仍然或多或少地有着影响。

在我看来，考虑到现代医学还远远未能成为一门精密科学（比如像天文学或物理学那样），所以疾病概念的社会建构成分肯定是相当大的。更别提在医德败坏的情况下，医生和药品公司的利益联盟会干出什么事情来了。而本文标题中的问题答案，则必然是一句“正确的废话”——我们当然将永远与疾病为伍。

■ 你最后这个问题确实是一个很有意思的问题。但恐怕也是一个很难有唯一答案的问题。此书作者的说法，我觉得足以在哲学的意义让人理解疾病，但如果一旦想要给出具体的定义，恐怕就再没有一个普适的答案了。但似乎可以肯定地说的，疾病是人们在特定的时间地点和理论体系中认为与健康和正常相对立的某种东西，因而疾病肯定有相当的社会文化建构的成分。

不过，你说的最后一段话，我倒想唱唱反调。是的，现代医学显然还远远未能成为一门精密科学，但是，首先，并非因此疾病才有社会建构的成分，因为那些精密科学也同样有社会建构的成分；其次，虽然有不少人有想让现代医学成为精密科学的梦想，但为什么一定要这样？是否一定会这样？在多元科学观中，精密科学也只不过是科学的一种，从历史和现实来看，包括现代医学（这应该主要是指我们通常说的当代西医了）在内的各种医学，也还都保持着某种在相当程度上与精密科学有别的形态。我个人倒倾向于认为，在未来也仍会如此。至于医德问题，以及医生和药品公司的利益联盟问题，那倒是超出了疾病的本体论，而另属于伦理和制度的问题了。

不过，由此可见，这本《剑桥世界人类疾病史》显然还具有着超出通常的技术性百科全书的某些引起人们更多思考的功能，它当然不只是给医学史家和医生们看的，只不过在现实中略有遗憾的是，我很难设想，在当下，会有多少医学工作者会有时间、精力以及“闲心”去看看这部他们本该阅读的大书。

（《剑桥世界人类疾病史》，〔美〕肯尼思·F.基普尔主编，张大庆主译，上海科技教育出版社 2007 年 12 月第 1 版，定价：260.00 元。）

70

一碗来自剑桥的科学宽面条

——《剑桥科学史》第7卷

□　刘兵兄，不瞒你说，拿到这本《剑桥科学史》第7卷，吓了我两跳。先是封底的定价：这本700页的书，竟高达248元！（为了便于读者判断出版社如此定价的合理性，请参考2008年6月22日亚马逊网上这一卷原版的售价：162美元）。接着翻开书，发现这一卷中没有任何一章是在讨论我们所习惯的“自然科学”，而是专门讨论各种各样“社会科学”的，比如社会学、经济学、政治学、心理学、人类学、历史学等等，甚至有一章专论“马克思与马克思主义”，当然还有你一定喜欢的专章“社会性别”等等。总而言之，这完全超出了我们通常所习惯的“科学史”的范畴。

记得前两年，我们一圈朋友曾经为“科学”的定义应该取宽还是取窄争论过一番，各人纷纷“站队”，我是坚决站在“窄面条”一边，你则站在“宽面条”一边；还有的人起先站在窄的一边，后来又叛向宽的……最后似乎是“宽面条”赢得了多数。但是现在看看这第7卷的《剑桥科学史》，其面条之宽，一定超出了当时争论中持论最“宽”的人的想象。还是老外想象力丰富啊，要“宽”就干脆宽个够。

这一卷的范畴理念，和我原先的理念大相径庭。我前些年还专门写过文章，认为“社会科学”这个词汇甚至可以考虑取消，有“自然科学”与“人文学术”这两个范畴就够了。当然我并不想批评这一卷的范畴理念——我一贯主张宽容和多元的。况且这说到底也就是定义问题，我们就将这些社会科学定义成“科学”的一部分，也无不可。

但是，对于一个科学史的研究者来说，这一卷《剑桥科学史》无疑大大拓展了科学史的疆域——哈哈！现在科学史几乎可以包括人世间的所有学问！由于只有文学没有在这一卷被涉及，我们现在是不是可以说，世间的所有学问可以分成两部分：科学与文学？

■　其实，我看到这本书时，也是很有些意外的，尽管早在此之前就知道此套8卷本的巨著中有这样一卷。在以往我们以不同宽窄的“面条”尺度来争论科学之划界范围时，通常那些“宽面条”派们也还没有把社会科学放到科学的“宽”定义中，只是强调不同于西方主流的自然科学的那些非主流的涉及自然之知识的“地方性”知识也可以属于广义的科学范畴。而这本应该说是有相当权威性的《剑桥科学史》，干脆把“社会科学”作为单独的一卷，应该是像你所说的真正“宽”够了的“面条”。

也确实正如你所说，关于何为科学，其实说到底也就是定义问题。但这里所说的定义，却并非随心所欲的任意定义，而是有其背后的道理的。这些道理，在《剑桥科学史》第7卷的导论“社会科学史的写作”中，应该是说得比较清楚的。在那篇导论里，道理讲得比较详细，从历史到现实。不过在我看来，最重要的原因，不外乎是人们对于科学之理解的演进，特别是对于传统中认为的那种“精密”的科学并非那样精密，即“实际上，自然科学也不能充分地符合哲学规范”，但之所以许多人仍然会把自然科学（更严格地说是西方近现代和当代主流自然科学）看成特殊的知识，也许还是和人们对之抱有某种幻想，以及对于其并非如同传统中所设想的那样“入世”认识还不够充分有关吧。

不过，这里我还想到了另一个理由，即对于科学史来说，特别是对于科学史的研究来说，这些“社会科学”作为研究之基础的理论和方法，不是也同样可以有理由在科学史中占有一席之地吗？

□　我们虽然在科学定义这个面条的宽窄上有争议，但大方向却是一致的，面条的宽窄只是策略的不同。现在这碗来自剑桥的科学面条，虽然其宽度超出了我们先前的想象，但我注意到，主编在对待科学的态度上，也同样是反对唯科学主义的——反对给予科学以凌驾于其他知识之上的特权地位。

例如他们在这一卷的导论中开宗明义就指出：“由自然科学家写作的科学史常常完全忽略了社会科学，科学哲学史通常是首先着手研究最成功的领域，这一部分就充当了其余部分的典范。”这种现象在国内的科学史研究中也很常见，首先研究科学史上的成就，在许多人看来似乎是天经地义的。但是情况早已经发生了变化。两位主编指出："到了20世纪60年代，新兴的专业科学史家开始用貌似更具包容性的方式重新建构这个领域。他们并不认为科学不断进步的论述是必然正确的，尽管这曾经为其无数先辈所信奉。"

在他们看来，"这也就开始意味着，通过历史主义的视角看待科学，将其看做一种社会建构，和研究其他的社会建构一样来研究科学。"这两位主编的意思，我觉得可以这样解读：社会科学当然是社会建构的，现在我们将科学也看做社会建构的产物，那么将种种社会科学纳入科学史的论述范围，也就是顺理成章的事情了。

■ 因为讨论的是《剑桥科学史》中"现代社会科学"这一卷，我们这里实际上反而是主要在讨论社会科学及其与狭义的"科学"或"自然科学"的关系问题了。你提到了此卷主编在对科学的态度上是反对唯科学主义的问题，而我则想到，其实在许多社会科学家当中，唯科学主义的成分通常也并不比自然科学家们更少。正如此卷导论中所说："尤其在20世纪的英语中，具有科学的地位就意味着要具有自然科学的某种基本相似性，这甚至通常被社会科学家看做'真正'科学的内核，在时间上和逻辑上具有优先性和典范性。然而，从历史的角度来看，这似乎是出于某种误解而造成的。"

读这段话的时候，我们不难联想到身边经常会听到的有关社会科学的评价的说法。当把社会科学的评价标准向自然科学看齐时，一方面是自动地降低了社会科学本身的价值，另一方面，又是把自然科学当做一种特殊的、绝对的、至高无上的“典范”，这当然是一种典型的唯科学主义倾向。例如，以往人们总是比照自然科学的发展（实际上只是在比照近现代西方主流自然科学中某些学科的发展），将对数学的引入之多少作为社会科学是否完善的重要标准，可以说就是这种倾向的一个突出的表现。

这样，当我们采用了如此“宽”的标准后，这种“宽”定义下的科学，就包括了西方主流自然科学、非西方或主流自然科学，以及社会科学这三个在宽度上逐次递进的学科领域。不过说到这里，我倒是在想另外两个相关的问题，即以往我们在区分自然科学和社会科学时，是否就能真正做到清晰有效的划界呢？其次，就是在这种分类中，人文学科的位置又应该是怎样的呢？

□ 我之所以主张“社会科学”一词可以不用，原因之一就是因为“清晰有效的划界”实际上是不可能的。当然，只分成“自然科学”和“人文学术”两大领域，同样存在划界的困难。正是由于“清晰有效的划界”不可能，我们就应该减少划界的任务或负担——分成两部分的划界任务一般来说当然小于分成三部分的。不过在这里，划界问题也不是非要解决不可，可以先搁置在一边。

至于人文学科——我这里主要是指文学、历史、哲学之类——的位置，我认为应该是更基本的，或者说更高的。明确地说，它们应该在科学之上。因为它们才能教我们怎样做人，而科学技术只能教我们怎样做事。如果依据这个标准来判断，那么这些能够被纳入《剑桥科学史》第七卷的绝大部分学科，同样都是只能教我们怎样做事的（由此也可见将它们纳入科学史范畴的合理性），当然也就只能享受与科学技术类似的待遇或地位啦。

■ 我同意你所说的人文学科应该是更基本的，从而，在某些情况下，将人文学科与社会科学区分开来，还是有意义的。尽管对于这种更基本的说法，恐怕还会很有争议。不过在这一卷中，作者似乎注意到主要只谈社会科学，但有些论题，如“社会性别”，也还很难做到将社会科学与人文学科进行严格的区分。

这样，至少按照这本《剑桥科学史》，我们就有了这样的方案，将自然科学与社会科学一并作为最宽泛的科学来理解（虽然在这种理解中此多卷本的科学史仍然还是以自然科学作为绝对的叙述重点），其实以这样的视角和方式来写社会科学的历史，也还是有别于传统的社会科学的历史写作因而值得人们注意的。同时，这也暗示着将人文学科相对独立出来。

总结起来，在你所说的这碗最宽的科学定义的面条中，也同样向我们提示着科学的多元性，只不过，是在原来就有些模糊的自然科学的多元性之中，又加上了更为模糊的社会科学之元。好在中文写名词没有复数形式，否则这最后一个“元”字，在我们现在这样还没进一步区分类别和层次的情况下，我还真没考虑好是不是应该像英文加 s 那样以复数来表示呢！

（《剑桥科学史》，〔美〕西奥多·M. 波特等主编，第 7 卷翻译委员会译，大象出版社 2008 年 3 月第 1 版，定价：248.00 元。）

71

谁是黑暗森林中的傻孩子?

——科幻小说《三体Ⅱ·黑暗森林》

□ 刘兵兄,刘慈欣的科幻小说“地球往事”三部曲,第一部《三体》我们几个月前刚刚谈过,现在第二部《三体Ⅱ·黑暗森林》又问世了,出版社第一时间快递过来,使我们得以先睹为快——这回的阅读可真是畅快之至。

非常巧合,我的一位博士研究生穆蕴秋小姐,正在做科幻作品和科学界关于外星文明思考的课题,她以惊人的勤奋收集了大量相关资料,其中显示,关于著名的“费米佯谬”,西方人已经提出了50多种解释,但是中国人在这个问题上始终毫无建树。现在《三体Ⅱ·黑暗森林》出来,居然打破了这种局面!

所谓关于地外文明的“费米佯谬”，其实只是物理学家费米当年随口说的一句大白话：如果地外文明存在的话，它们早就应该出现了(If they exited, They'd be here)。这话背后的含义是：如果我们不相信地球是宇宙间唯一的文明，或者说我们承认在宇宙间出现其他高等文明的概率不为零，那么考虑到宇宙是如此的广大，其年龄是如此的长久，则宇宙间必定已经有了许许多多高等文明，那么，它们在哪儿呢？为什么我们至今还没有遇见一个呢？

西方人 50 多种关于“费米佯谬”的解释，大致可以分成三大类：一、地外文明已经在这儿了，只是我们无法发现或不愿承认；二、地外文明存在，但由于各种原因，它们还未和地球进行交流；三、地外文明不存在。在逐一核对了这 50 多种解释之后，我认为《三体Ⅱ·黑暗森林》对“费米佯谬”给出了一种全新的解释。

■ 你刚说的这种对于科幻小说中科学内容的学术性考察，是很有意思的一件事。对于一个在做相关问题的博士论文研究的学生来说，能有这样一个发现，也是研究的一项重要收获。不过，对于我来说，在读刘慈欣的这本科幻小说时，却宁愿把作为小说的阅读快感放在第一位，把小说中体现出来的思想性内容放到第二位。

这次读《三体Ⅱ·黑暗森林》，与读第一部的《三体》在感觉上似乎有所不同，但一时又很难具体说清这种感受上的差异。事后回想起来，觉得也许是因为在这部小说中，作者试图在叙述其出色、离奇(这应该是科幻小说作者必备的想象力的表现)而又具有某种逻辑性的情节时，把过多的思考性内容放入了其中。

这本小说作为核心要素的最重要的背景，当然是你所说的“地外文明”之存在的问题。不过，即使是你注意到的，作者也许在并非有意识要对“费米佯谬”进行新解释的情况下，居然提出了中国人的新解释，但我觉得，在另外一种超出技术性的科学解释内容之外的意义上，作者在故事中对地外文明与地球上人类之间的冲突之那种不可调和性的思考，也许更能吸引普通读者，并在此过程中，加深某种对于地球上的人类之天性的思考和认识。在这其中，无论是为了更好的生活，还是为了拯救人类，科学技术(甚至因涉及地外文明因而也自然而然地扩展到地外科学技术)的作用问题，也就自然地凸显出来。

□ “地球往事”三部曲当然不是仅仅为了解释“费米佯谬”而写的，不过“费米佯谬”及其解释确实从头至尾贯穿了这第二部。小说一开头，晚年的叶文洁，这个人类“三体危机”的始作俑者、三体文明侵略地球的第五纵队 ETO 的昔日统帅，也许是为了忏悔和赎罪，在自己女儿的墓前，向《三体Ⅱ·黑暗森林》中最重要的角色罗辑，提示了“宇宙社会学”的两条基本假定和两个基本概念。

两条基本假定是：一、生存是文明的第一需要；二、文明不断增长扩张，但宇宙中物质总量保持不变。两个基本概念是“猜疑链”和“技术爆炸”。“猜疑链”是由于宇宙中各文明之间无法进行即时有效的交流沟通而造成的，这使得任何一个文明都不可能信任别的文明；“技术爆炸”是指文明中的技术随时都可能爆炸式地突破和发展，这使得对任何远方文明的技术水准都无法准确估计。

由于上述两条基本假定，只能得出这样的推论：宇宙中各文明必然处于资源的争夺中，而“猜疑链”和“技术爆炸”使得任何一个文明既无法相信其他文明的善意，也无法保证自己技术上的领先。所以宇宙就是一片弱肉强食的黑暗森林。在小说靠近结尾处，作者借罗辑之口明确说出了他自己对“费米佯谬”的解释：“在这片森林中，他人就是地狱，就是永恒的威胁，任何暴露自己存在的生命都将很快被消灭。这就是宇宙文明的图景，这就是对费米悖论的解释。”而人类主动向外太空发送自己的信息，就成为黑暗森林中点了篝火还大叫“我在这儿”的傻孩子。

当然，上述两条基本假定和两个基本概念都有可以商榷的余地，所以小说中的推论也就不是无懈可击的了。我很想听听你在这个问题上的看法。

■ 即使小说是建立在这两个基本假定和两个基本概念的前提假定之下展开，那么，对于小说本身，在一种类似于公理系统的意义上，就不好再多议论了，因为在一个公理系统中，对于其前提，也即像公理这样的东西，是必须直接予以接受而不加置疑的，如果要对之进行讨论和修正，那就是要另外再建一个公理系统了。但对于这些前提假定，或者，用你的说法，即中国人提出的对“费米佯谬”的解释，当然可以相对独立地讨论。

从形式上看，这两个假定和两个基本概念的组合，还真有些像一个公理系统的出发点。在两个基本假定中，每一个独立地看，都是可以接受和成立的。尽管对于第二个假定中的“增长扩张”二字，理解上还可以有所不同。例如，这种增长扩张是否一定就只是指在文明当中的生命个体在数量上的增长以及在对资源之消耗上超过由其生存环境可提供的数量的增长？就算是在地球上，情形也是一样，这些问题也经常是战争的导火索。如果这是一种铁定的必然规律，那么不用在宇宙中，不用在科幻中，只在现实中就可以逻辑地得出一个结论，即我们现在所呼吁倡导的“可持续发展”在根本上是不可能的。

其次，关于猜疑链和技术爆炸，当然也可以有类似的争议。而且有意思的是，在这本小说中曾提出，三体人与地球人之思维模式的不同，例如在交流方式和对计谋的利用方面。而我觉得，这几条似乎可以作为“宇宙总规律”的东西的提出，又恰恰是地球人的思维模式。因而，设想不同于此的宇宙规律，也还是可能的。

不过，这些主张，毕竟是众多规律或解释中的一种，也是很有趣的一种，看看按照它们能够逻辑地演绎出什么来，也是很有趣的事——这正是这本小说所做的工作。

□　现在我们该谈谈这部小说的其他方面了。在我的感觉中，它比“地球往事”的第一部《三体》写得更好，我阅读起来也更畅快。比如，其中关于“面壁计划”的设想，以及全球选定的四个“面壁人”中大家最不看好的花花公子罗辑，起先整天鬼混，后来又成为“三体”反复追杀的对象，最终竟是他挽救了地球文明。以及小说接近结尾处，在太阳系两端不约而同爆发的为争夺生存资源而自相残杀的“黑暗战役”等等。这些故事都相当富有想象力。“黑暗战役”一方面是“宇宙社会学”两条基本假定的一次小范围应用个案，另一方面也反映了据读者所说在刘慈欣作品中越来越严重的悲观倾向。应该承认，这种悲观倾向是有深度的，或者说是深刻思考后的结果。

小说中的另一个情节则是相当富有反科学主义色彩的：地球社会面对三体入侵一度采取战时体制，降低民众生活质量，全力以赴扩军备战，结果百业凋零，技术也止步不前，军备毫无进展。后来一个以“给岁月以文明，而不是给文明以岁月”为号召的运动兴起，人类决定先将现在的岁月过好，解除了战时体制，采取了类似“改革开放”的政策，经济快速发展，民生大为改善，却意外地发现技术又爆炸式地发展了，不久强大的星际战舰舰队建立起来，人类的太空防御前沿远远超出了太阳系……

总的来说，这是一部非常好看的科幻小说。虽然我总是更看重科幻作品的思想价值，但对于这部小说，读者即使不去考虑“宇宙社会学”那些需要略费脑筋的基本假定、基本概念之类，仅仅追随着紧张的故事情节，也会兴味盎然往下读的。

■　我同意你对这本小说与前一本《三体》的比较，当然，我觉得前一本也是很好看的小说。在这两本小说中，作者在想象力上，都有令人叫绝之处，随时都有悬念在牵着读者。至于谈到悲观，我也同意，但说到反科学主义，恐怕还有些可商榷的余地。我倒是觉得，作者在其悲观的基调下，依然潜在地相信着科学技术的力量之无可替代。当然这些也都是仁者见仁智者见智了。我宁愿强调的是这部小说中隐含着的对于当代世界的警示。尤其是当这种可能的警示是通过一部极有可读性的科幻小说来表达时，其传播效果显然应该是非常理想的。

（《三体Ⅱ·黑暗森林》，刘慈欣著，重庆出版社 2008 年 5 月第 1 版，定价：32.00 元。）

72

实验科学:是一种神话吗?

——从《利维坦与空气泵》谈起

□ 17 世纪 60 年代到 70 年代早期,在英格兰知识界有一场重要争论,争论的双方都是有名人物:一方是科学家罗伯特·玻意耳,皇家学会站在他这一边;另一方是如今被标定为哲学家的托马斯·霍布斯。争论的结果,是霍布斯大败。

原来科学和政治一样,都有“成则王侯败则贼”的规则。尽管直到 18 世纪早期,霍布斯的自然哲学论文仍是当时大学课程中的重要读本,但到了 18 世纪末,霍布斯已经被从科学史上排除出局。今天在一般的科学史著作中,人们已经找不到霍布斯的名字了。

现在夏平来了,他要“指认出以往的争议事

件，并加以考察”。他选定的公案，正是上面这场争论。为什么要挑选这场公案来操练呢？首先是因为，“玻意耳的气泵实验，在科学文本、科学教学以及科学史的学术规范上都具有典律地位”，也可以说被视为近代实验科学之祖。夏平偏偏挑选这样一个看上去几乎毫无疑问、不可动摇的偶像来发难，正是“擒贼先擒王”之法。

史蒂文·夏平（Steven Shapin）是当代最重要的“科学知识社会学家”之一，他的两本重要著作，现在都有中译本了。夏平 1985 年出版了《利维坦与空气泵——霍布斯、玻意耳与实验生活》（与西蒙·谢弗合著），1994 年出版了他独著的《真理的社会史——17 世纪英国的文明与科学》。后一书可以视为《利维坦与空气泵》的续篇和拓展，倒是先有中译本（江西教育出版社，2002）。不过我觉得论重要性，还是首推《利维坦与空气泵》——因为夏平这方面的思想精义，都已经充分体现在此书中了。

■ 是的，此书的作者夏平和谢弗在书中追问了一些在近代科学中看似不需要回答的基本问题：“什么是实验？实验如何操作，如何展示？可以宣称实验制造事实的机制是什么？实验事实与科学建构的说明之间是什么关系？如何识别一个成功的实验？成功的实验又如何与失败的实验区别开来？隐藏在这些特定问题之后的是更为根本的问题：我们为什么要做实验来获得科学真理？在获取公认的科学知识的方法中，实验方法有较高的优越性吗？是否还有其他可能的方法？是什么使得科学中的实验方法超越了其他方法？”

为了回答这些问题，建构主义科学史的早期人物之一的夏平带领读者回到 17 世纪英格兰这个实验起源的年代，重现玻意耳如何利用空气泵展现真空的存在。夏平和谢弗通过对英国皇家学会创始人之一的玻意耳和哲学家霍布斯在实验制造事实的有效性上的争论，表明实验作为生产事实的手段，并不是理所当然地被接受下来的，而经过了一段很长时间的争论。在整个争论的过程中，“科学事实”成为争论的对象，“科学理性”成为争论的场所。可以说，《利维坦与空气泵》是建构主义科学史研究的一次实际演练。因此，从科学编史学的意义上，此书可以说是具有着特殊的代表性的重要意义。而且，可以说，从近些年来国际上科学史家们的引用情况来看，也可以说此书是获得了某种经典地位。

□ 在我们以往习惯接受的教育中，关于实验对科学的意义，以及上面你列举的本书所提出的一系列问题，是从来不去质问的。但是近年来引进的不少科学知识社会学或具有科学知识社会学倾向的书籍，逐渐提醒人们关注这方面的问题。总而言之，科学的绝对精确性、纯粹客观性，都开始受到质疑，而《利维坦与空气泵》这样深入研究形成的典型个案，则让人们看到，上述质疑并不是毫无道理的。

本书表明，当年玻意耳对霍布斯的胜利，并不纯粹是因为他的学说“客观上正确”而获得的，而是有社会建构的成分。科学史上其实有许多这样的例子，即一种学说或结论，在它还没有真正被证明是正确的时候，它已经因为社会建构而获得了胜利。比如哥白尼的日心说，在得到天文学上的决定性证据之前两百年，就已经被开普勒、伽利略等人接受——在今天看来，也可以认为开普勒、伽利略等人参与了哥白尼学说胜利的建构。又如爱丁顿爵士观测日食证实爱因斯坦广义相对论，久已成为科学史上的定论，后来人们发现爱丁顿爵士的观测记录其实并未能真正证明爱因斯坦的推论，但是在媒体和科学界同心协力的建构之下，这次“证明”就被宣布为“事实”。当然，在上面的两个例子中，那被建构起来的胜利和“事实”事后还是得到了真正的证明。但重要的是，这些例子表明：社会建构确实可以使得某些学说获得胜利，使得某些结论被当做事实而被世人接受。

你上面提到，《利维坦与空气泵》“是建构主义科学史研究的一次实际演练”，我们知道，这样的演练在国外已经上演过多次了。但是在国内，就你所知，迄今为止有没有过这样的演练呢？

■ 如果说到这里，我想也许还可以再补充一下，即《利维坦与空气泵》这本书不仅仅“是建构主义科学史研究的一次实际演练”，而且是一次非常成功的演练。至于你问及国内的情形，我想我还没有看到过这样典型和这种规模的“演练”。有很长一段时间，国内学术界的一些人甚至对于像建构主义这样的学说一直持批判的态度，就是在前几年，在国内对一些所谓的对反科学以及对反科学主义的批判中，也还一直是把建构主义这样的东西作为靶子。近来，情况有了一些好转，对建构主义的关注开始越来越多了起来，一些学生的学位论文，也开始以建构主义作为研究对象。但整体地讲，有这样几个特点：一是仍然处于引进分析研究的多（当然在初期这是极为重要的也是极为必要的工作），二是在像科学与社会、科学哲学等方向的关注多些，而像夏平和谢弗这样，真正把建构主义的纲领化作具体深入的历史研究，却基本上还没有看到很成形的研究。这其中的原因之一，也许就是国内科学史界在研究方法和观念上还相对传统，没有对像建构主义这样的新观念有足够的重视。

当然，传统的方法也依然有其重要的意义，但问题在于，只坚持传统方法，忽视新的学说，毕竟还是有些问题。而且，我有一种印象，即国外许多科学史的研究，其实都是很注意以新的视角来进行考察并得出新的结论的。这与我们这里常见的科学史研究似乎是有些不一样的，对此你怎么看呢？

□　你说的现象确实存在。依我的一孔之见，恐怕和我们这里仍然或多或少地将科学史看成科学的某种附庸有关。具体来说，如果我们有一个物理学史的研究，研究者就会想：物理学界对我的成果会怎么看？研究者们总是在下意识里希望自己的科学史研究被相应的科学专业认可，似乎只有得到了这种认可，自己的研究才能够站住脚，自己的成果才真正有了“科学意义”。在这样的心态中，又怎么敢尝试演练建构主义纲领之下的科学史研究呢？

而在国外，科学史研究已经可以不太在乎是否得到科学界的认可。即使被科学界抨击批判，也不妨碍建构主义纲领之下的科学史研究演练得有声有色。我认为我们应该呼唤这样的局面，容忍这样的局面。这不仅对科学史领域有好处，对科学领域也同样有好处。

■　谈到这里，又涉及到科学史学科的自主性的问题了，这关系到学科自我价值的认同，以及相应的评价标准。确实，如果说科学史研究有自己的评价标准，而不是依附于科学史的认同，会使情况有所好转，但也只是有所好转而已。因为，即使在科学史界可以独立地评价自身的研究时，怎样研究，什么样的研究工作被认为是优秀的，这些标准，仍然取决于科学史界的主流的范式。因而，问题的另一个方面，还是与我们的研究观点和方法有关的。

如果说，传统的科学史研究方法在某种意义上，是带有科学主义意味的，那么，像建构主义这样的研究，我会更愿意视其为带有更多的人文立场。国内科学史界其实在研究上也逐渐地出现着变化，只是这种变化还相对较慢。但无论如何，像《利维坦与空气泵》这样的带有着新观念的研究著作更多地可以为我们所接触（中译本的出版无疑会增加这样的接触），这对于推动和加速我们这里科学史研究的发展，肯定是会有着积极作用的。

（《利维坦与空气泵》，〔美〕史蒂文·夏平著，蔡佩君译，上海人民出版社·世纪文景2008年8月第1版，定价：48.00元。）

73

人性：来自基因还是来自文化？

——关于《社会生物学：新的综合》

□ 刘兵兄，相信你最初也是从当年的摘译本了解《社会生物学：新的综合》一书主要内容的。如今这部皇皇巨著的中文全译本终于问世，实在是大大的功德一件，我们少不得要讨论一回的。

却说爱德华·威尔逊已经有8种著作出版了中译本，其中第一种就是《社会生物学：新的综合》的摘译本。我一直怀疑，威尔逊后来有那么多书出了中译本，和这个摘译本在中国造成的影响有关。

谈到威尔逊在《社会生物学：新的综合》一书中引发巨大争议的观点，人们首先会想到1977

年的那次“湿身事件”。此事被认为是近代美国历史上因为科学家表达自己的理念而遭到人身攻击的唯一事件。那时《社会生物学：新的综合》已经出版了两年，威尔逊出席在华盛顿举行的美国科学促进会的年会，正准备演讲时，一个示威者冲上讲台，将一瓶冷水浇在他头上。这一行动显然是为了引起媒体的关注，而且后来人们老是谈起此事，也说明肇事者达到了传播的效果。

■　你说的“湿身事件”我倒是不知道，但此书引起巨大争议确有耳闻。不过，我想先谈谈一个“猜想”，即关系到你说的威尔逊的著作有那么多中译本的问题相关。

确实，自从1985年由李昆峰编译的威尔逊的《社会生物学》这本巨著的摘译本在“走向未来丛书”推出后，伴随着当时特定环境下“走向未来丛书”的巨大影响，又由于当时可读之书不多，而这本书的观念偏偏又令人耳目一新，从而威尔逊的名字就已为中国学术文化界所熟悉了。

但由此我想到，再早得多的时候，达尔文的进化论在刚刚被引入中国时，似乎也是先以某种变形的形式，以《天演论》这本并非《物种起源》的原书而出现的。而且，进化论的观念在中国特定的环境下，也更是在意识形态的意义上而非学术的意义上产生了更大的影响。这似乎与中国人对进化观的特殊兴趣和理解有关，因而，才会将其有所改造，或者就更时髦的词来说，将其“误读”，并引发出自身更有兴趣的话题。我想，对于威尔逊的书也是一样。设想一下，如果当初不是先有《社会生物学》的摘译本，而是最一开始就出了全译本，恐怕后面的情形就可能会有所不同了。因而，我们可以“猜测”，正是因为那本通俗易懂而且主要论题更与中国人关心的问题联系密切的摘译本在特定的历史条件下先行问世，所以，才引发了后来国内对威尔逊著作的出版热。

当我拿到这本书的全译本时，很有些出乎我意料的是，我发现这本来是一本相当艰深的学术著作，其哲学意义上的观念，其实是隐藏在其学术性的论述背后的。因此我才有了上面的想法，不知你以为如何？

□ 我起先倒没往这一点上想，不过我同意你的判断。如果一上来就是这个全译本，就可能反而没有那么大的影响了。老实说，我认为现在这个全译本，也不会有当年那个摘译本那么有影响。这年头，有几个人肯耐下心来读一本132万字的艰深学术巨著啊。我有个想法，北京理工大学出版社在推出这个全译本的同时，为什么不顺便将当年的摘译本也出个新版呢？许多读者即使出于怀旧的心情，也会去买一本的。那个摘译本的篇幅，不到全书的十分之一。

我们这个专栏，不是经常“替人读书”的吗，对于这本将哲学意义及观念隐藏在学术陈述背后的大书，这种服务想必更有必要。

《社会生物学：新的综合》皇皇巨著，全书27章，英文版共575页，其实真正引发争议的就是全书最后的那一章：“人类：从社会生物学到社会学”。这一章占据了英文版中的30页，在中译本中则仅占全书717页中的29页。威尔逊后来说，许多批评他的人认为，如果他不写这第27章，《社会生物学：新的综合》就将是一部“伟大的著作”。

至于争议，主要来自两位被威尔逊称为“最后的马克思主义者”的人，他们指责威尔逊的社会生物学有两大“严重缺陷”：一是“还原论”，即认为最终可以将人类的行为还原到生物学中去理解；二是“遗传决定论”，即相信人类的基因决定了人类的本性。

■ 你说的是很重要的一个问题。其实，我觉得，威尔逊虽然因为这一章而引起争议，但也恰恰正是因为这一章中的观点，才使得威尔逊在我们这里备受关注。否则，人们对他的理解，恐怕就只是作为一名重要的生物学家而已了。

除了其观点是否引人关注、是否引人思考之外，作者本人能够把其基础性的想法确切地表达出来，其实是一件好事。威尔逊做了那么多细致、具体的生物学研究，但他做这些研究，不可能与他更为根本性的哲学观念无关，那些观念，也许正是驱动他进行相关研究的深层动力。只是，当人们把背后的观念明确地讲出来，而且当观念又有新意且立场鲜明时，就容易有争议了。

你总结的两大争议，也即“还原论”和“遗传决定论”，与我们这次对谈的标题密切相关，也是对其不同回答背后的一种（实际上是哲学的）立场。这样的看法，有着近代科学的强大背景，也是现在许多科学家的潜在信念。当然，如果从更人文的立场看，这样的哲学立场显然是大可争议的。但从威尔逊为此书新版在1999年写的“世纪之交的社会生物学”这篇大约可以算是新版序的文字中，我们看到威尔逊本人似乎倒并不是那么极端地坚持那两种观念。那么，到底是威尔逊的观点后来有所弱化了呢？还是从一开始他的某些看法就被某些争议者极端化了？

□ 对于“还原论”的指责，威尔逊自己还委屈着呢。

威尔逊认为这一指控是歪曲他原意的，因为他从来没有主张过这样的“还原论”，他主张的是“相互作用论”——基因组决定了人类心理发育的方向，但无法消除文化的影响。

威尔逊认为，他的论敌采用了先歪曲他的原意，树立起一个虚假的靶标，然后对着这个靶标——宣称这就是威尔逊的学说——进行攻击的手法。他将这种手法斥之为“勾当”。这种手法我们在日常的不健康争论中也时常可见。

不过对于第二项指控，威尔逊没有指责对手歪曲他的原意。不过他当然坚信他的观点是正确的。他认为，古尔德等人之所以指责他，是因为他们相信“只有心如白板的人才能适应社会主义。如果心灵来源于可遗传的人性，那太令人不快了”。

但是威尔逊在被你称之为新版序的文章中，已经大声宣告了他的胜利：古尔德等人发起的那场对他的批判，已成被大部分学者和公众遗忘的“一场喧哗”，1984 年之后，“我没再听到过这类观点。……在 20 世纪结束的时候，这场争论已经平息”。由于有了确凿的证据，“人性的遗传框架似乎再也无法被驳倒”。

■ 这是两个比较复杂的问题。对于第一项指控，我们姑且承认威尔逊的辩解，而对于第二项指控及相关的争论，可能就需要再做些分析了。因为这里原来提出的问题是：“人类的基因决定了人类的本性”，那么，究竟何为人的本性呢？这个问题并没有讲得十分明白，而且，就此仍是可以有诸多争议的。但弱化些，我们也许可以这样说，基因决定了人的某些东西，但显然不是全部。如果我们仅把基因决定的那些东西定义为人性，威尔逊的说法当然是可以接受的。不过，显然在许多人的理解中，人性并不一定只是指基因所决定的那些东西。而且，即使是基因决定的那些东西，当以确切的方式显示出来时，恐怕也要渗入许多非基因决定的因素。否则，如果人性只是基因决定的东西，那人岂不是与动物无异了？我们相信人之所以为人，就应该是人有其特有的本性（当然这个词本身也可争议，也不妨替换为其在争论中更可接受的概念）。一般来说，文化，被认为是人所特有的某种东西吧，文化是否为动物所具有呢？在社会生物学的范围里，对此，是否也仍然留下了某种让人并不放心的悬念呢？这恐怕就得由对此感兴趣的人再进一步去争论了。而威尔逊在哲学上的意义，也许只是为人们由此展开的争论和思考开辟了一个出发点。

（《社会生物学：新的综合》，〔美〕爱德华·O. 威尔逊著，毛盛贤等译，北京理工大学出版社 2008 年 5 月第 1 版，定价：125.00 元。）

74

未来的世界是垃圾做的吗？

——关于《有限地球时代的怀疑论》

□　刘兵兄，田松近年关于环境、发展等方面的激进看法，我们都已经相当熟悉了。他的这些看法，许多人有不同意见，不过我倒是非常欣赏。特别是他那些有点耸人听闻的文章标题，如“在自己的家乡失去意义”、“让我们停下来唱一支歌吧”、“未来世界是垃圾做的”、“要年薪多少才能日日欢歌”等等，既有实事求是之心，兼具哗众取宠之效，从传播的角度来说是相当成功的。

当然，标题只是标题，关键是文章中的思想和观点。田松的观点是激进的，但其鲜明的特色则是悲观。这些文章散见于各种报纸杂志，现在有机会集成一册出版，我感到非常有价值。一方面当然是便于读者较为系统地了解他的观点，另一方面，如果有人不同意他的观点，甚至要进行批判，现在靶子集中在一起，也更方便射击了。

■ 作为我们共同的朋友，我们对田松其人、其风格也算是比较熟悉了。我们都会同意说他很有才气，很有独特的想法——而这在当下学者及非学者们的写作中却是相当缺乏的东西。你提到他那些文章的标题的特色，其实那只是一部分，可以看做是一种有才气的传播手段的表现。但我觉得，更重要的是反映在他的文章中的那些看上去颇为标新立异、与众不同甚至有些惊世骇俗的思想，那些思想才是其文章之价值所在。

从总体上讲，如果有人把田松归类到旗帜鲜明地反现代化的行列中，那应该是不会有什么争议的。问题在于，他是不是“反科学”。因为这种说法比较敏感，所以多做点厘清是必要的。我以为，在某种意义上，即在对西方主流科学的无限制的鼓吹和利用上，他是有明确地“反”的特征。但如果在多元的科学，也即承认多种“地方性知识”也是某种科学的意义上，他又显然不能被说成是“反科学”。对此，不知你怎么看。

□ 我为何特别欣赏田松那些文章标题，是因为那些标题几乎已经可以成为格言或口号，而且它们充分表达了田松的思想。

我认为田松本质上并不反科学，但他在相当程度上反现代化。

也许有人会说：现代化不就是科学带来的吗？现代化

确实是科学带来的，但现代化并不能等同于科学。在现代化之前就有科学。现代化的问题，很大程度上就是如何对待科学的问题。我觉得在波兹曼将人类文化分成的三种类型中，田松估计和波兹曼一样，最中意“工具使用文化”，对于“技术统治文化”也还能接受，而波兹曼深感悲哀难以忍受的“技术垄断文化”，也就是田松笔下的现代化。

■ 近来，田松在其文章中，又提出了一句名言：“在过去，科学是神学的婢女；现在，科学是资本的帮凶。”我以为，这很能代表其思路和立场。在这种意义上，也很难说他不反科学，或者，至少是在某种意义上的“反”。这种反，也包括对于科学之本质与功能之反思，因而，也就与现代化的问题联系了起来。

其实，在我们自觉不自觉地随着现代化和工业化、资本化的过程走下去时，有田松这样的反思是非常必要的。除了你说你特别欣赏的标题之外，对于其文章中的那些尖利的思考，我更觉得读起来令人深受启发，发人深省。而且，最重要的是，尽管国内，特别是国外也并非没有类似的观点，包括学理性的和在大众传播中的，但田松的那些观点和独特的文字，却是非常地道的个人思考的产物。

不过，说到田松对科学和现代化的反思，其基础立场上，倒有一个问题，即我认为他仍然没有非常彻底地摆脱科学的约束，仍然留有某种科学主义的印迹，从而带来了一些内在的矛盾。

□ 这里有两个问题。首先是“反科学”问题。到底什么叫“反”？通常我们使用“反”这个字时，总是意味着希望这个字后面的词汇所指的事物消亡。比如“反对殖民主义”当然意味着希望殖民主义消亡。如果是这样，那么还是不能说田松是“反科学”。田松确实在批评科学，说科学现在成了资本的帮凶，但这并不意味着他希望科学消亡。就好比我们批评一个孩子，说他现在成了坏人的帮凶，这并不意味着我们打算杀死这个孩子——我们只是希望这个孩子学好，不要继续充当坏人的帮凶。

其次是你所说的田松“仍然没有非常彻底地摆脱科学的约束”问题。田松也是学物理出身，受过良好的数理科学训练，他思考问题和表达思想当然不可能摆脱科学的约束——为什么要用“束缚”这样的措词呢？这难道不是一种优势、一个长处吗？当然，我这样说可能又要被指为“科学主义尾巴没有割干净”了。我以前在讨论中曾经表示过，从文化多样性的角度出发，我并不赞成对科学主义斩尽杀绝，保留一个尾巴不也挺好吗？况且有“某种科学主义的印迹”，也还不等于科学主义啊。

不知你所说田松的“一些内在的矛盾”是指哪些方面？愿闻其详。

■　不然，这次我有点不同意你的判断了。我们曾在谈论英国人罗伯·坦普尔的书时，有过一个观察和判断，即发现他们经常在科学主义和非科学主义之间游移不定，而且认为这是“民科”的一个典型特征。我觉得，这种冲突在田松这里更为明显。田松的好朋友、清华大学的蒋劲松先生也注意到了这点，在近来描写对田松印象的一篇文章中，甚至称田松为“热力学第二定律主义”者，认为田松在反对科学主义时，实际上却是采用了一种更强版本的物理学主义，而且，认为田松在其书中非常关键的对于“熵”的概念的使用，也是颇有“民科”风格的。

蒋劲松的观察与我的感受非常一致。在一些场合，我也经常对田松做类似的评论。当然，是否一定要把科学主义斩尽杀绝是一回事(其实也不可能斩尽杀绝)，但在一个人的身上，在强反科学主义的研究中，因骨子里的某种科学主义而带来尖锐的内在矛盾和逻辑不一致，那就是另一回事了。田松关于"垃圾"的大量文章，创意很好，语言很好，很有文采，很有说服力和感染力，但却把其最根本的基础，建立在物理学中的"热力学第二定律"和这一定律引入的"熵"的概念基础上，这就有些问题了。其实，去掉这种基础，并不就会影响其论证的力量。

我这样说，其实丝毫没有贬低田松的文章的价值，只是说其中有些这样的特征。我倒真是希望，他能在摆脱这种内在矛盾的前提下，更有力地鼓吹和倡导他的学说和理念。

(《有限地球时代的怀疑论——未来的世界是垃圾做的吗》，田松著，科学出版社2007年8月第1版，定价：25.00元。)

75

在经典中寻找当下的意义

——读《希波克拉底文集》

□ 前些天，一位研究医学史的美女对我说："看到你对《希波克拉底文集》的推介语，印象特别深刻。"那是我在本报"科学文化"版的"新书推荐"栏目为本书写的："原是医务工作者必读之书，现在不知他们还读不读。如果他们不读，那我们来读。"我写这段话，也确实是有感而发的。因为我的不止一位医生朋友表示，今天的医生根本不会去读这种书。当然，我不可能肯定如今没有任何一位医生愿意读《希波克拉底文集》，但是如果大部分医生确实不读此书的话，我上面的推介语就是有意义的了。

医学和天文学、物理学之类的学问不一样，

那些学问是和“物质世界”打交道的，所以理论上可以“没有人”——当然深究起来这样的理论也有问题，而且实际上也是做不到的；但是医学是人和人打交道的学问，它不可能没有“人文”。如今，我们看到医生竟被许多公众认为是职业道德最差的群体，这恐怕与相应的“人文”的缺失——或者是恶化——大有关系吧？在这种情况下，重温《希波克拉底文集》的意义又何在呢？

■　回想起来，我第一次听说希波克拉底这个名字，是在许多年以前，在一部以《希波克拉底誓言》为名的关于医生的电视剧中。后来，在研究生学习期间，开始学习科学史和科学哲学，也就更多接触到了这位在科学史中占有重要的一席之地的古代名医。

在科学史（尤其是医学史）中，希波克拉底在医学方面的贡献，也许现在更多地只是学者们关心的事，但如今我们在不同场合更多地听到这个名字，即是与那著名的“希波克拉底誓言”相关，也就是说，是与医生的伦理准则相关。如今，在现实中，当我们面对随着医学极为迅速地发展的同时患者却对医生有着更多的抱怨时，实际上，我们就已经涉及在具体的医学知识、技术之外的医学伦理的问题了。而讲到医学伦理的问题，从历史上说，人们自然不得不从希波克拉底谈起，也许，这是我们如今仍然格外重视希波克拉底，重视《希波克拉底文集》的第一层重要意义。

□　这第一层重要意义，在被冠诸篇首的《誓词》中就明白显现出来：“凡入病家，均一心为患者，切忌存心误治或害人，无论患者是自由人还是奴隶，尤均不可虐待其身心。”这本来是与我们古代中医所言医为“仁术”完全相通的。哪像现在某些医德败坏的医生，磨快了用现代医疗检查设备和药品装备起来的“刀”，坐等病人上门来就狠狠“斩”之，处心积虑“过度治疗”以便从患者那里赚更多的钱。不过医德问题不是我们要讨论的主题，这里就不多谈了。仅靠背诵希波克拉底的《誓词》也提高不了医德。

第二层意义，则可以更为宽泛——即阅读经典的意义。许多满脑子急功近利思想的人，排斥阅读经典的理由是，现代教科书比经典更完备更容易理解，比如学习万有引力，难道需要阅读牛顿当年的《自然哲学之数学原理》吗？这话当然不算错，如果你仅仅只是要学习万有引力，确实用不着去阅读《自然哲学之数学原理》。但是，阅读《自然哲学之数学原理》将让你知道许多万有引力之外的东西，并有可能引导你思考更多的问题。《希波克拉底文集》中的医学知识，当然不如现代的医学教科书中来得完备准确（尽管也有许多至今仍然正确的内容），但阅读它却能够有助于如杨振宁所说的“思考最基本的问题”。总而言之，阅读经典本来就不是一件急功近利的事情。

■　要说所谓医学中“最基本的问题”，确实是件有些困难的事。因为，从不同的立场来看，“最基本的问题”可以是很不相同的。因而，是否有唯一的“最基本的问题”，也还大可争议。不过，在你这里提问的语境中，似乎是在强调阅读经典，或者更具体些说，阅读历史上那些重要经典的意义。其实，对于众多当下从事医学实践的医生来说，能够想起阅读像《希波克拉底文集》这样的书的，实在是极少数。虽然此书的再版说明中说到“希波克拉底的传世巨著是所有医学界人士都应该思考的必备之书，他的医学思想给每个现代人以弥久恒新的生命感悟和健康启迪”，但这实在是非常之高的要求了。在现实中，绝大多数的从业医生显然会更加关注那些更前沿、更技术性的进展（这还是就那些有上进心而非混饭骗钱的医生而言），而不是这种经典。

但是，尽管现实如此（那也有其原因，而且对医学人文的研究者来说其责任正是要改变这些原因），毕竟有一个理想化的、更高的目标还是有意义的。而这，就回到了通过经典来理解和认识医学之本质，思考其“最基本的问题”上来了。简单地说，也就是，超出了技术性的局限而对医学有一种人文的深度思考。

□　在以前，一个优秀的医生，必是儒雅博学之人，这在中国和西方都是如此。他们除了跟上乃至参与那些前沿技术的进展之外，无不博览群书。对这样的医生来说，读读《希波克拉底文集》乃是当然的事。或许已经没有人指望从《希波克拉底文集》中读到今天医学教科书中找不到的有用知识了（说不定也有），但是书中确实有许多论述，涉及医学的思考和医生的修养，我认为至今仍有价值。

例如，考虑到我们对人体和生命的了解是如此的不足——即使在科学技术高度发达，让医学已经变得如此傲慢的今天，这种了解仍然远远不足，希波克拉底总是那样的谦卑，他认为“尽管医生掌握了许多东西，许多病还是本能地自愈……众神是真正的医生——尽管人们不这样认为”。

又如，希波克拉底极力主张医生的博学，他要求“把学问引进医学，或把医学引进学问。因为医生是学问的情人，也是神仙的情人。在学问和医学之间没有不可逾越的鸿沟”。而他所谓的“学问”，具有“反对贪婪”、“反对劫掠”、“反对无耻”等等的品格。

再如，在谈到医生的责任时，希波克拉底一则曰“病人做错什么事也无需忏悔，责任总归咎于医生”，再则曰“一旦发生意外，责任在于医生”。即使将这些话解读成是希波克拉底的老于世故之言，也仍然表明在他心目中，医生不能推卸责任。看看在医患关系日益恶化的今天，媒体上不时披露医院的“上级机关”来对事故进行“鉴定”——其结果经常被病家指控为替医院开脱——真让人有“人心不古”之叹。

■　仅仅从上述这些非常非常有限的引证，人们也不难看出，在古代，在医学的童年时期，医学是非常人性化的，是非常人文的。而经过了几千年的演进，现代化的医学（主要是指西方医学）在获得了更多的知识性、技术性进展的同时，却越来越丧失了其原初许多的人性化的特点。只由此，便足以提供为什么在理想的情况下今天的医生仍然十分有必要阅读像《希波克拉底文集》这样的著作的理由。当然，我这里加上了理想的情况下这一限定，因为，就现实而言，由于现代化发展的种种理由，绝大多数医生毕竟是不大可能有时间、精力和兴趣去阅读这样的经典了。但我们并不就能够因此而认为这样的现况就是合理的。

半个多世纪以前，科学史的前辈萨顿曾说过这样的话：“与人类的前进方向相比，进步的速度是不重要的。让我们使用最好的科学和历史学方法，去决定和校正前进的方向，方向的决定不能一劳永逸，要随着我们知识和智慧的进步而不断校正。”也许，这正可以作为对今天的医生的提醒，提醒他们为什么应该读读希波克拉底。

（《希波克拉底文集》，〔古希腊〕希波克拉底著，赵洪钧等译，中国中医药出版社，2007 年 7 月第 1 版，定价：48.00 元。）

76

科学时代的一丝人文主义

□ 我们两人共同的一些朋友们——所谓的“科学文化人”——近年集中关注科学主义问题之后，对这个问题的认识不断深化。就我个人而言，当我试图追溯中国现代的科学主义源头时，我曾经相当赞成美国学者郭颖颐《中国现代思想中的唯科学主义》一书的结论，即认为“五四”以后，特别是“科玄论战”以后，科学主义在中国已经取得了胜利。这个结论我现在觉得还是可以成立的，只不过先前我们可能忽略了(或者是歪曲了)这场战斗中失败一方的努力和论点。

现在这本《“科学时代的人文主义”》，恰恰是要发掘当年那些提倡“科学时代的人文主义”的学者们曾经做出的努力。当然，指出这些努力，并不意味着可以改变当年科学主义在中国的胜利。这种胜利及其持续，也离不开世界范围的思潮演变背景。当这种胜利在 20 世纪下半叶的西方理论界和传媒中逐渐消失时，尽管中国一度闭关锁国，但是如今改革开放已经 30 年之久，反对唯科学主义的思想潮流“青山遮不住，毕竟东流去”，还是在世纪之交进入了中国学者、公众和媒体的视野。

■ 我在看这本书的时候，也曾想过，在我们现在的背景下，你肯定会有像上述的联想，尽管此书的主旨，也许与我们平常的关注又有一定差异。

也许正是由于这种差异，我注意到，此书作者在绪论中的一个说法，或者说判断，可能就与我们的看法有所不同。作者认为，以往学界，例如像以郭颖颐、林毓生等人的观点有把科学主义在中国的强势夸大的成分，而作者则是要“展现与此不同的一个面相”，“探究这一学人群在一个科学的时代，如何重新认识科学的价值与人文的传统，以及他们为打通科学与人文之间的壁垒所作的种种尝试与努力”。

该书作者的努力是有意义的，但若要把这种“在已经发黄变脆的纸张背后，寻找那些渐渐被遗忘的学人”的历史，推及到代表一个时代的意义，却同样有某种夸大之嫌。也许在《思想与时代》这个杂志以及这群作者来说，并不一定都是科学主义的，甚至是有积极意义的对科学主义的抵抗，但就那个时代（更不用说今天）而言，这样的阵营又不一定是主流的，否则，他们为什么会被几乎“遗忘”了呢？而这正像你所说的，那些人的努力并不意味着可以改变当年科学主义在中国的胜利。

□　我忍不住又来搞一点我的"庸俗统计学"。

此书末附有《思想与时代》杂志的全部目录，共有各种文章389篇（包括了述评、纪念文章等等），从目录上来看，有可能涉及科学主义问题的文章只有21篇，占全部文章的5%多一点。况且这些文章是不是都站在科学主义的对立面，也还不一定。也就是说，在这群学人所关注的问题中，科学主义问题（或"科玄论战"问题）只是很小的一部分。这一点其实在本书的结构上也得到了正确反映：全书包括"绪论"在内共七章，其中只有第四章"沟通文质"是涉及科学主义问题的。

本书第四章中列出的《思想与时代》杂志"科学家学人群"，总共只有六人：竺可桢、卢于道、陈立、洪谦、钱宝琮、张其昀，其中陈立、洪谦列为"科学家"，还是有点勉强的。从目录看，这六人中也只有竺可桢和钱宝琮关注过科学主义问题（另外的《思想与时代》学人中，关注该问题较多的是钱穆和谢幼伟）。

这些都提示我们，在那个时代，关心科学主义问题的人（无论是人文学者还是科学家），其实非常之少。所以汪晖那个被本书作者称为"并非如此简单而绝对"的论断，实际上还是可以成立的："当第二次世界大战期间有组织的或民族—国家的高技术暴力震惊世界之时，中国知识分子正在为民族解放而奋斗，那些针对科学霸权及其技术运用的反思性的思想和概念没有引起人们的丝毫兴趣。"——"没有引起人们的丝毫兴趣"当然是一个修辞，对于整个时代而言，即使找到了寥寥几个学人有时曾经表现过一点兴趣，也不会使这个修辞变得无法容忍。

当然，作者对科学主义投注了较多的注意力，给出了

（相对于上述5%而言）较多的论述，还是值得欢迎和欣赏的。

■ 我觉得作者在其绪论中，似乎要对其他人关于中国在意识形态方面之科学主义的总体情况的看法有一种适度的颠覆，即认为中国在那个时代（当然那时对现在是有影响的）的科学主义倾向并非那么强，而这个刊物则证明了这一点。而我的看法，则是认为从那个时代开始，中国的科学主义的整体倾向就已经是很强的。虽然这个刊物科学主义色彩并不强，包含有大量关于人文、对于民族—国家问题的更加关注，并且即使有涉及科学的内容比例也不大，而这正好说明了，此刊物在整体的科学主义倾向中，并非特别有意地强调反科学主义的立场。即使有些这样的立场（如钱宝琮对萨顿观点的介绍），因为这个杂志的影响力之有限，也很难说曾起到了多大的作用。

因而，中国当时（及现在）在整体上科学主义倾向是怎样（如汪晖的看法）是一回事，而这个刊物的科学主义（或反科学主义）倾向是怎样是另一回事，再考虑到其有限的影响，要从这份杂志来扩大讲对中国科学主义的整体判断，可能就会有以偏概全的问题了。

前几年，我曾写过关于钱宝琮在此刊物上介绍萨顿的《科学史与新人文主义》一书及其观点的文章。在这里我还想到另一个问题，即在20世纪后半叶长期以来学界对此刊物的批判或回避。而钱宝琮恰恰是由于这篇文章，后来在历次政治运动中，总是要受批判、做检讨，而其背后最重要的因素之一，就是此刊物主编张其昀的政治身份（如与蒋介石的关系及后来去台湾等）。

□ 我完全同意你的看法。不过,无论如何,这本书让我们注意到这份刊物,和围绕在这份刊物周围的当年学人,终归还是功德一件。况且,那些学人那时的各种思想和论述,在今天看来有些也相当有价值。

其实,对历史上的人物、事件、思想等等的价值判断,在每个时代都是不同的。当年钱宝琮因为在《思想与时代》上的一篇文章而挨整受罪,就是那个时代做出的价值判断;多年对这本杂志进行批判或回避,也是那个时代做出的价值判断;而现在这本博士论文能够出版,就表明了今天做出的价值判断。所谓"一切历史都是当代史",应该就是包含了这层意思的。

■ 是啊,而且从史学来说,历史上的事情,也经常是有某种相似性的。虽然我们与《思想与时代》杂志处在不同的时代,虽然我们也不敢与那些大师们相比,但是在我们为科学与人文的交融、为反对科学主义而做着我们今天可能的努力的时候,那些前人的工作也未尝不是我们的榜样,这也是我们重温历史的一种意义吧。

(《"科学时代的人文主义"——〈思想与时代〉月刊(1941—1948)研究》,何方昱著,上海书店出版社,2008年8月第1版,定价:55.00元。)

77

谁要重出江湖？谁能再振雄风？

——关于“科学松鼠会”及其科普写作

□ “隐匿多年的帮派老人决定复出，燃一缕狼烟……正在田间耕种的老汉、街头被人欺负的小贩、喝酒赏花的公子哥，原来都是默默隐忍的江湖高手，他们伸个懒腰，挺起身，念叨道：该出发了。于是我们就聚到一起了。”姬十三在本书“后记”结尾所写的这段文字，语句有点接近古龙的武侠小说，但听上去口气倒也不小。解读起来，似乎是这样的意思：“科学”已经“默默隐忍”许久了，在“帮派老人”的召唤下，终于决定重出江湖。“帮派老人”是谁并不重要（姬十三和科学松鼠会的成员几乎都是年轻人，大抵接近“喝酒赏花”的公子小姐），重要的是“科学”要重出江湖。

“科学重出江湖”是什么意思呢？这就要联想到前些时候那本《科学是怎样败给迷信的》的书了。那书中说，过去的一百年，是科学从公共媒体和公众话语中逐渐退出的一百年，科学已经败给迷信。看来这就是科学的“默默隐忍”了。现在“科学松鼠会”的这帮寂寞高手决定代表自己的“帮派”来重出江湖——他们自己都是年轻人，挺身出来进行科普写作似乎也是初入江湖，但是如果他们是代表了已经“败给迷信”的科学，那就确实可以比喻为科学共同体的一次“重出江湖”，即试图夺回自己曾经拥有过的公众话语权。

■ 我觉得，你的分析有些过于沉重了。也许，换一个角度来看你引用的那段话会更好。我就宁愿只把它当做是一种时尚的修辞。

说起时尚，可以有很多类型，在这本由“会”里的“科学松鼠”们写作的书中，就体现出了不同的时尚倾向。而那只“大松鼠”姬十三的后记中模仿武侠的语言，也完全可以视为一种时尚化的修辞，而不一定非要担负起那么强的意识形态责任。当然，这样的说法，还要求证于书的作者，不过如果愿意争辩的话，不管作者怎样说，又都可以有其他的分析，比如像潜意识之类的，但这就有些像那本书里某类文章的风格了。

因此，从我不愿以“科学”重出江湖来理解这本书后记的说法出发，进而就带出了新的问题。我刚刚看过刘华杰对此书写的一篇书评，我倒很愿意接受他在那篇书评中的观点。刘华杰也突出地强调了此书的时尚特征，这种，或者说，这些种时尚的特征，恰恰是区分不同代际的一种方式。相应地，我想，在此书的阅读者中，也恰恰会因这种在时尚风格审美趣味上的相同或相近，而引起与其同代读者的某种共鸣。用一个学术些的说法，这大概也可以算作是一种“身份认同”的连带效果吧。

如果你能够部分地接受我的说法，我们是不是可以先从这本书的若干特征谈起呢？我这里提到的我认为突出重要的第一个特征，就是其与作者代际相联系的时尚性。

□ 将姬十三后记中的仿武侠语言理解为时尚修辞，固无不可，但是我的“沉重的分析”却也并非我一个人有此特殊爱好。本书有两篇序，一是连岳的，一是梁文道的，都在引导人们往“沉重”的方向思考。

连岳呼唤“用爱科普”，本来很平常，但他序中明显的反科学主义倾向——或者说对科学主义明显的疏离感——已经让那些喜欢将人“以科普的名义暴打一顿”的人，让那些喜欢用别人的无知来衬托自己“英俊的科学面庞”的人，感到十分恼火。有的人向来以科学的“正牌代言人”自居，看到别人要代表科学重出江湖自然就很恼火——本“正牌代言人”早就在江湖中替天行道久矣，还用得着你们再来“重出”吗？至于梁文道，他看到这群松鼠非常喜欢，指望松鼠们帮他改变“书评杂志上找不到人谈科学的窘况”，但是对于那种“火气十足的一个人的战争”（这个修辞表达与连岳序中说的“以科普的名义暴打一顿”堪称异曲同工），他显然也无好感。

接下来让我们回到你的问题上来：松鼠们写作的时尚特征。我以前说过一句相当非理性的断言：时尚本质上是反科学的。我最初的意思是说，从事与“时尚”密切相关的工作的人，比如时尚杂志报纸的编辑记者之类，通常都很容易接受人文主义的观念。联系到本书来说，作者们恰恰就是这样一类人，所以他们应该很容易接受连岳在本书序中所表达的观念。尽管本书作者们是不是都完全赞同连岳的序，也许不是没有疑问的。

■ 你提到这本书的两篇序言，说其中是有某种“沉重”的负载，这我同意。但值得注意的是，这种“沉重”的负载，恰恰只是体现在他人写作的序言中，并未直接、具体、鲜明地体现在正文中，而正文的文本，才是代表科学松鼠会成员们的本真倾向。当然，他们比以往那些在序言中被批评的人士，显然要开明得多，能够在某种程度上接受或容纳序言中这种意识形态的沉重。这当然是非常好的倾向。

另一面，就你所说的时尚与反科学的问题，我估计，松鼠们大概不一定会认同。在年青一代中，时尚是一种潮流，并不一定涉及到反科学主义与否的问题——这样的问题也很可能并不在松鼠们的优先考虑之列。这种不考虑，也正是相对于我们所说的“沉重”而言的轻松，这种轻松，甚至会带有某种游戏的性质。在理想情况下，说他们可以接受某种程度的人文主义观念，也许是对的，但说“容易”接受，恐怕就不一定严格了。这时，同时也就引出了下一个问题，即这些松鼠们在以时尚轻松来品味、欣赏、传播甚至游戏科学的同时，他们通常并没有很深的人文主义背景，没有受过系统的对科学的人文研究的训练，这就成为他们的另一个特点。

□ 你的判断我大体上是同意的。你所说的“另一个特点”，其实也在我的思考范围之内，本文标题中的“谁能再振雄风？”，正与这个问题有关。既然“不管作者怎样说都可以有其他的分析”，那么我们不妨再回到姬十三的后记中来“深文周纳”一把。

姬十三用了“复出”这个词汇，不是没有深意的。这个措词表明，在他心目中，在科普这个领域，“世无英雄，遂使竖子成名”的状态已经持续得太久了！真正的高手们“默默隐忍”了许久，某些自命科学“正牌代言人”的“暴打”和“战争”想必也令他们齿冷，所以他们感到“该出发了”，决定亮出兵刃竖起旗帜出来闯荡江湖了。我猜测，这应该不仅仅是姬十三一个人的想法，至少也应该是松鼠会若干核心人物的想法吧。

当然，我们可以说，松鼠们的旗帜是“轻松”，松鼠们的兵刃是“游戏”。但接下来的问题是：和以往载着意识形态重负的传统科普相比，或者与意在衬托自己“英俊的科学面庞”的“暴打科普”相比，松鼠们的“新科普”前景如何呢？他们能不能将科学逐渐从公众话语中退出的局面一举扭转呢？或者说，他们能不能让科学在公众话语中重振雄风呢？说实在的，我对此还是有疑问的。

载上意识形态的重负，曾经是传统科普最务实、最可取的策略，但是现在时代变了，形势变了，公众不想再这么沉重了，于是传统科普衰落了。“暴打科普”其实也是师前者之故智（只是载上了另一种重负而已），所以也难免被公众冷落的结局。从这样的角度来考虑，松鼠们的新科普能靠什么来重振科普的雄风呢？

■　我想，关键之处也许并不在于科普是否有意识形态负载，松鼠们目前的利器，我们已经看到的，大致有科学的背景，休闲的情致，时尚从而可为新一代时尚爱好者所欣赏的风格，以及非功利的热情，等等。当然，松鼠们不会，也不可能掌握江湖上所有的武功和兵器，但有了自己合手的兵器和量身订制的武艺，也就足够拼杀一阵子了。松鼠们现身江湖，绝对是科普界的一大幸事。关于松鼠们的前景如何，我不知松鼠们自己是怎样估计的，也许是比较乐观吧。

其实，谁也不可能永久地在江湖上称大，如果沿用江湖的隐喻，那江湖上就应该是门派林立，新人辈出才算兴旺。在科普的江湖上，有更多的松鼠出现，有不同品种的松鼠出现，那绝对是好事，才能构成彼此互补的多元化的科普的局面。这种在江湖上群雄竞争并存，各司其职，又彼此促进，恰恰是我们应该期盼的。反之，如果从消极的方面来想，如果科普的江湖上只有某一派单打独斗，那江湖也就不再成为江湖，科普也就寿终正寝了。

（《当彩色的声音尝起来是甜的》，科学松鼠会编著，上海三联书店 2009 年 1 月第 1 版，定价：25.00 元。）

78

当代英国勋爵眼中的古代世界

——关于《古代世界的现代思考》

□　劳埃德这本书，论题很宏大，态度很严肃，以至于我觉得需要以一段八卦来开始我们的对谈了。

你肯定还记得，大约两年前，我们一群朋友在电子邮件中为“科学”的定义应该取窄还是取宽爆发了争论，两派互不相让，最终也没有达成一致，真正是“君子和而不同”了。这场争论在我们圈子里留下了“宽面条”和“窄面条”的典故，时常被人引用。在争论中，你是坚定的“宽面条”派，而我和钮卫星都属于“窄面条”派。

有些反讽的是，后来钮卫星承担了劳埃德这本《古代世界的现代思考——透视希腊、中国的科学与文化》的翻译任务，而他发现，劳埃德在这个问题上恰恰是“宽面条”派，所以现在出现了“窄面条翻译宽面条”的有趣局面。

劳埃德这本书，实际上是一些演讲稿的集结，不过劳埃德当然修订了这些讲稿，并细心将它们“焊接”起来，而且在起承转合之际尽量做到“平滑过渡”。

由于上面这个原因，本书的主题就不可能不宏大了。说实话，这么宏大而宽泛的主题，也就是劳埃德这种德高望重功成名就的人（已经因“对思想史的贡献”而被英国女王封赐为爵士），去尝试玩一把还差不多，别的学者多半会望而生畏。

■ 说这本书主题宏大有道理，但从另一个方面看，也可以说作者在处理这样一个宏大主题时，采取的策略是很得当的，翻开目录即可看出，他实际上是从若干主题（当然这也与你提到的此书由系列演讲生发而成有关）切入来讨论这个宏大论题的。

你也提到了此书的译者，“窄面条”钮卫星教授。我觉得，他在为此书所写的译者序，对全书重要观点的梳理很全面，是对此书很好的总结。

无论是通过详细地阅读全书，还是仅仅简要地浏览一下译者序，读者都会发现，其实此书与其说是历史考察，倒不如说是历史反思。因为此书有很强的理论色彩，也很有科学编史学的意味。例如，像作者在开篇就探讨的对于一个古代社会，我们怎么才能够去理解，又能获得多大程度上的理解的问题。以及像古代世界有没有科学的问题（也正是在这个问题上，你和钮卫星将他归入“宽面条”派），形式逻辑和它的规则在多大程度上或在什么意义上是普遍有效的？关于真理和信仰及其与跨文化之关系等。如此等等，这些问题，几乎是典型的编史学问题。也就是说，此书并不是对古代希腊与中国的科学史的系统梳理，而是在作者对古代历史长期研究的基础上，试图对一些历史研究中关键性的问题进行理论思考并给出其回答。

□　你看到此书的科学编史学意义，倒是别具只眼，这当然和你长期关注科学编史学问题有直接关系。这一点我非常赞成。你对钮卫星译者序的评论，也非常准确。

将劳埃德归入科学定义问题上的“宽面条”派，这丝毫没有牵强附会之处。在本书第二章“古代文明中的科学？”中，他相当深入地讨论了应该如何定义“科学”这个问题。首先引起我注意的是，他将“科学”与“正确”的关系引入了这个问题。因为古代文明中的许多知识和对自然界的解释，在今天看来都已经不再“正确”了，这成为那些认为古代文明中没有科学的人所持的重要理由。但是劳埃德指出：“科学几乎不可能从其结果的正确性来界定，因为这些结果总是处于被修改的境地”，所以他认为，“我们应该从科学要达到的目标或目的来描绘科学”。记得几年前我倡言“科学不等于正确”时，曾被一些人士视为离经叛道，甚至要出来“驳斥”，尽管这实际上应该是科学史中的基本常识。现在看到劳埃德的上述观点，真是别有会心了。

那么什么才算是“科学”的目标呢？这实际上仍然是一个定义问题。劳埃德的定义是：“理解客观的非社会性的现象——自然世界的现象”。也就是说，抱有上述目标的活动和成果，都可以被视为科学。这确实是一个非常非常宽泛的定义！按照这样的定义，任何有一定发达程度的古代文明,其中都会有科学。看看,劳氏的科学面条,可谓宽矣!

■ 其实,劳氏的面条之宽,也是有他的道理的,并不完全只是一个定义尺度选择的问题,而是涉及我们通常所说的"科学观",以及我们如何看待人类认识自然的知识的根本性的问题。劳氏长期以来专攻古希腊研究,一方面,这样的研究通常是在与近现代科学相关的意义上展开,另一方面,如果真正深入到历史中,古希腊的"科学"与西方近代科学之差异,也会被明显地注意到。只是长期以来,人们过多地关注前一方面,而后一方面,却是要真正有历史感和历史理解的人,才会注意到并有所发挥。劳氏在此基础上又把中国古代科学拉进来进行比较,就更有意思了。

其实,说到任何有一定发达程度的古代文明,其中都会有科学,这样的观念,在西方当下一些基础教育改革的理念中,已经是被采纳的观点(反观我们国家作为基础教育之基础的科学观却大不一样)。不过,难得的是,像劳埃德这样的老一辈的学者,能够有如此开明的见解而不是因循传统观念。

以往在我们关于"宽"、"窄"面条之争时,有一点是有意思的,双方其实都只是在命名和逻辑的意义上采取不同的定义,而在对人类知识的多样性,"窄"科学之局限性等方面,并无太大分歧。但尽管如此,看到劳氏的"宽面条",我还是不禁倍感高兴。

□ 其实不是"并无太大分歧",而是几乎就没有分歧。我们的科学定义"宽窄之争",实际上只是技术或策略层面的不同，相关的目标和基本价值观念是一样的。所以看到劳氏“这样的老一辈的学者，能够有如此开明的见解而不是因循传统观念”，我们不仅应该“倍感高兴”，同时还应该由此看到，国内学术界在如何看待科学技术这样的问题上，仍是相当落后的。

不过，研究、对比古代中国和希腊的情形，能在多大程度上对当今我们所面对的处境有所帮助，这一点劳氏的说法似乎有些牵强，至少有点“卖什么吆喝什么”的感觉——是不是将自己多年研究的古代思想史的意义估计得过高了一点？

最后，关于此书的阅读印象，也需要说一两句。此书比我原先预计的要好读，论证也是流畅清晰的。这究竟是劳氏本人文风宜人，还是译者钮卫星译笔高明？或者说这两者的因素分别在多大程度上起了作用？

以上两点，都想听听你的意见。

■ 关于研究古代历史——在劳氏这本书中是关于古代希腊与中国的历史——对于我们现在有什么帮助，有什么价值，这本是典型的编史学问题。

说到这种帮助或价值，无非可从直接、间接的关系来讨论。劳氏的态度是有些乐观，对价值的估计较高，而我知道你一直鼓吹对历史（以及科学史）的“坦坦荡荡说无用”。但我觉得，在间接相关的意义上，毕竟我们是可以建立一些价值的，而你我多年之所以还在此领域中劳作，恐怕也与对这种间接价值的认同不无关系吧？

对于此书的文字的好读，我想，也许作者和译者两方面的因素都是存在的。不过，你的高徒能译出佳译，除了也是你培养之功，这倒还提示我们，在科学史学生的培养中，对翻译问题应更加重视。

总之，就这本书来说，一位当代英国勋爵眼中的古代世界，这两者间本来就存在着极大的反差，而这种反差，恰恰给我们的阅读和思考带来了有趣的看点。

（《古代世界的现代思考——透视希腊、中国的科学与文化》，〔英〕G. E. R. 劳埃德著，钮卫星译，上海科技教育出版社 2008 年 12 月第 1 版，定价：25.00 元。）

79

远西奇器:那些科学传播的往事

□ “科学传播”虽然是现代的话头,不过科学(和技术)当然早就在传播了。如果我们回顾在中国发生过的科学传播——姑且还是用这个措词吧——的往事,可以发现其中有些地方对今天仍有教益。

以前有许多人批评过著名的“中学为体,西学为用”——他们批评的出发点是恨中国没有尽快全盘西化。其实中国在历史上,经常接受来自异域的文化和科学知识,而且从来就是以“中学为体,西学为用”的态度来对待它们的,例如徐光启,他所讲论的西学,无论是和利玛窦合作翻译《几何原本》,还是他召集耶稣会士修撰《崇祯历书》,乃至他千方百计设法引进的欧洲新式火炮技术，他都只是要发挥其“用”，即提供技术层面的工具。即使是他自己皈依信奉的天主教，他也没有打算让它变成“体”。信奉天主，领洗，成为教徒，那只是个人的“修身”，而不是要用基督教义来取代或影响中国的传统政治理念。事实上，我们中国人从来就是用这种态度对待外来文化和知识的。

联系到本书所研究的《远西奇器图说录最》的作者王徵，也是同样情形。王徵虔心皈依天主教，却在他年轻的妾申氏的去留问题上大受困扰，因为教义禁止纳妾；王徵在明朝灭亡时自杀尽忠，又使后来的教会人士评价他时大受困扰，因为教义禁止自杀。尽管王徵在“思想道德”层面上有过如此痛苦而惊人的挣扎和努力，他在向中国读者介绍“远西奇器”时，仍然没有丝毫违背“中学为体，西学为用”基本原则的打算。

■　一上来，你就已经从《传播与会通》这本书的研究内容，谈到中国科学技术史的具体问题上了。既然这样，我也就顺着你的话题继续发挥下去吧，等到后面，再结合这本书有些具体讨论也不算晚。

在过去，在对中国近现代史以及中国近现代科学史的理解中，我也一直默认着这样的观念，即“中学为体，西学为用”的理念，是导致西方科学技术在中国被顺利接纳并且生根发展的重大阻碍。其实，这种观念本身也是很有道理的。不过，在人们默认这个观念的同时，似乎又隐含地预设了另外的判断，即因为有这样的阻碍，而使得西方科学技术在中国的生根发展受阻是一件很糟糕的事。

不过，如果超出上述带有价值色彩的判断之外，我们是不是还可以另有一些奇想呢？例如说，如果说那时的一些中国人(而且是有影响有决策实力的中国人)在倡导“中学为体”,那个“体”究竟是什么?至少,在我的印象里,在结合到科学和技术(在广义上的理解中)的问题上,几乎一直就没有说清那个“体”是什么?这是其一。

其二,是假定有了这样一个“体”,是不是就一定非要用西来的科学将其取代?以及,这样的取代如果真正成功了,好处是什么?代价又是什么呢?

以上两点如果相对搞清了,再来思考为什么西来的东西会在传播到中国后出现变形,恐怕就会更好理解、更好评论一些。你说呢?你对我想的那两问题,持什么样的看法呢?

□ 关于你的第一个问题,我最近正好有一些新的想法。我认为“体”和“用”其实有不止一个层面。比如,从《奇器图说》出发,如果说具体的机械装置和设备是“用”,那么其力学原理可以视为“体”;但是如果我们将视野上升一个层面,那我们可以将力学原理之类的视为“用”,而将整个关于自然的观念体系视为“体”;如果再上一层,我们又可以将关于自然的观念视为“用”,而将更基础的哲学体系视为“体”……如此等等。

在这样一层层的“体—用结构”图景中,我们看到的是,中国人自古以来,一直尽力在每一个层面上坚持“中学为体,西学为用”——就是到了今天,我们也没有违背这个原则。所以,只要这个原则没有被放弃,“全盘西化”在中国就不会发生。

关于你的第二个问题,我是这样看的:我并不认为“全盘西化”是一个应该呼唤的局面。如果中国真的“西学为体，西学为用”了，那将是一个荒谬的局面——幸好它是不会出现的。现在我们采纳西方的科学技术，但保持我们的核心文化观念，这仍然是“中学为体，西学为用”。日本人拼命要“脱亚入欧”百余年了，它那“大和魂”也没有完全消散。况且“脱亚入欧”是不是真的给日本带来了福祉，还要再往下看呢。

■ 我很高兴地听到你如此回答。正好，昨天晚上，有一个日本东京工业大学的科学史教授在这里做报告，讲的仍是西方科学技术如何被引进到日本这样的一个老话题，结合的是东京工业大学在其中的角色。在听此报告的过程中，我也有选择性地注意和想到，日本近现代引入西方科学技术，其实也是坚持日本之“体”而在相当程度上只取西学之“用”。并因此，而带来了日本后来有别于西方但在技术发展上另具特色的局面。

如果是这样，那么，我们是不是还需要关心所谓的体用之争呢？或者，你所说的，只是一种实际的结果，而在此过程中，还是有许多人拼命要以西学之体取代中学之体的。尤其是当把“现代化”作为一个特殊的追求目标时，更是如此。

如你所讲的中国人自古以来一直尽力在每一个层面上都坚持“中学为体，西学为用”，那么，像《传播与会通》这本书的研究对象《奇器图说》在传播西洋技术时，肯定了中国文化的“型塑”，也就显得很自然、很正常了。不过，很遗憾的是，至少在我印象中，写作此书的中、德学者似乎没有这么明确地讲出你的这种看法。

□ 他们确实没有明确地这样说。也许，有些人仍然认为“中学为体，西学为用”是不好的状态？再说对于研究《奇器图说》这样一本书而言，讨论“中学为体，西学为用”的问题毕竟不一定是他们的义务。

回过头来说说这本《传播与会通》，有不少新颖的地方。

首先，国内国外多人合作，根据个人的条件，每人负责一个方面。比如《奇器图说》的两位作者是来华耶稣会士邓玉函和王徵，我们就看到关于邓玉函的部分由西方学者撰写，而关于王徵的部分就由中国学者撰写，这样倒是真做到了古人所谓的“随才器使”。

其次，本书在结构上相当全面，全书内容堪称“内史”与“外史”齐飞，研究共校订一帙。对一部古籍如此作为，确实可以说是“全面而深入”了。

最后，本书在编辑、装帧上花了很大功夫，非但图文并茂，对于一本学术著作来说，简直有点奢侈了（特别是下册的处理）。这也导致本书定价偏高，而且使本书处于一种矛盾状态中：一方面，因图文并茂装帧漂亮，具备了某种程度的大众阅读资质，但另一方面，因主题的学术化和偏高的定价，又使得此书变成一本小众读物。

不过不管怎么说，我还是非常乐意把玩和阅读这部书。不知你的感觉如何？

■ 我觉得，你对此书之特点、优点的总结已经很全面了。在此，我只想补充一点，即近些年来，在国际科学史的研究中，有一个发展趋势，即开始以特殊的热情关注对于图形文本的研究，而且，这样的研究也带有当下有些时尚的“视觉文化”研究的味道，又往往需要引入一些新的基础性理论来支撑，例如像修辞学、符号学等等。就此来说，我觉得，此书也大致有些这方面的意味（尤其是在出版的版式的编排方面）。当然，在此基础上，进一步运用在目前发展中的视觉科学史研究方面的一些特有的方法，借鉴与传统科学史研究有所不同的基础理论，那将是可期待在未来出现的工作。

（《传播与会通——〈奇器图说〉研究与校注》，张柏春等著，江苏科学技术出版社 2008 年 12 月第 1 版，定价：120.00 元（全两册）。）

80

“美国世纪”要终结了吗?

□　一本充满情绪化的、混合着狂妄自大和愤青情怀的、人们普遍担心会给中国崛起帮倒忙的《中国不高兴》,刚刚在剧烈炒作中“闪亮登场”,这本《美国世纪的终结》的中译本也问世了。这可是美国人自己写的书,他们自己说自己的世纪要终结了,这不知会不会让《中国不高兴》的作者们稍微高兴起来一点?

不过此书最先引起我注意的,是作者相当强烈的科学主义观点。这在本书的第四章中表现得尤为明显。在这一章中,作者一直在抱怨如今科学在美国公众心目中的地位不够高,在公众话语中的话语权不够大。作者还反复指责布什政府“歪曲科学”、“打压科学”。而作者最担心的,就是由此引起的美国竞争力的衰退。

这种思路，我们已经相当熟悉，它背后的逻辑就是：一个国家中，科学的地位越高，则这个国家就越强大。在18、19世纪中，这个逻辑似乎是反复得到证明的，但是在进入20世纪之后，质疑的声音逐渐开始出现并且越来越大了。我认为这种质疑不仅仅是字面上的（指上面那个逻辑是否成立），它还包括了对更基本的价值的思考，比如："国家强大"和"人民幸福"是不是等同？这两者哪个更重要？

■ 我想，你虽然提出了问题，但对于我的答案，应该是早有预期的。当然，从人民的立场上看，应该是"人民幸福"居于"国家强大"之上，因为，国家如果不能给人们带来幸福，那样的国家当然就应该是被质疑的。

但这个问题又有些复杂，因为也会有人争辩说，如果国家不强大，人民如何可以幸福？不过，这两者间的关系，却并非是完全重合的，国家强大，人民有可能幸福，也有可能不幸福，而只是让某些利益集团的人幸福。

你提到的科学主义的问题，我觉得在我们两人的立场上，反应也应该是相似的。类似地，过于片面地将科学的发展与国家竞争力相联系，并将其置于超越于其他"发展"之上的观点，其实在我们这里也很流行。

回想起来，在改革开放之初，国内许多人，尤其是许多学者，都有不同程度对以美国为代表的西方的"崇拜"，包括像"全盘西化"这样的命题，也是那时很自然的产物。这样的崇拜在很大程度上也是与对美国的科学发展及科学对于物质和文化发展的正面作用的肯定相联系的。不过，随着我们自己也开始逐渐强大，也开始对过去所向往的那种发展的负面的东西有所了解、接触甚至直接感受，也开始有了自己的反思，那种对于以美国为代表的西方社会及发展模式的崇拜自然地在一些人的心目中开始消退。但是，对于美国的这种否定，也恰恰如你注意到的，又可能是基于科学主义的立场的，这倒是一个值得注意的问题。

□ 作为一本为美国写的“盛世危言”，本书作者看来并不具备在科学哲学、科学社会学方面的深厚素养，所以他在谈到与科学有关的问题时，仍然采用了比较幼稚的科学主义立场，这倒也不太奇怪。这和我们国内的许多情形是类似的。

本书的主要价值，是对美国内政外交和现今美国社会的种种问题的反思，或者说自我批评。全书共 10 章，在这 10 章中，作者依次为美国的经济政策、美国社会的贫富悬殊、美国的医疗体系和暴力犯罪、美国的教育和科学、美国境况不佳的民主、美国的单边主义国际政策、美国的国际反恐战争，各用去了 1 章。在本书作者看来，美国在这七个方面没有一个能够令人满意。不仅问题成堆，而且后果严重。

在本书作者看来，由于上述这些问题，美国的衰落已经无可避免。“在自我加冕为全球领袖十五年后的今天，在政治对立的世界上，美国这个民主国家正变得越来越恐惧和孤独。”（本书作者引用布热津斯基语）一方面，美国越来越让世界反感，另一方面欧洲、中国、俄罗斯、印度、伊朗等等大国和区域性大国正在纷纷崛起，准备或正在填补“美国世纪”结束后的真空。

作者为美国的未来设想了“最好的”和“最坏的”两种情况。“最好的”是美国新领导人致力改进前述的种种问题，一个“谦逊的美国”重新得到世界的欢迎。“最坏的”则是美国再次遭受恐怖袭击（甚至是核爆炸的袭击），国内外投资者从美国股票市场和金融机构中大规模撤资，并减持美元，美国经济彻底崩溃。

■ 其实，正像你经常说的，科学主义也是多元中的一元。虽然作者在看待美国的衰落的问题时，是在一种科学主义的立场上，认为科学在公众话语中仍然不够强大，但对于美国面临的问题，特别是关于像民主、经济、社会体制等方面的问题，却还是可能不太受科学主义的限制。当然，在更深的层次上，我们仍然可以说，美国人的自以为是，又是基于那种认为自己的一切都是唯一最好的，并要将其强加给别人的观念。而像当下的金融危机，则在某种程度上也有力地打击了这样的自信。

也许并不一定需要像金融危机这样的打击，早在此之前，一系列的事件，包括针对美国的恐怖活动等，也都预示着美国的危机。关于更加直接影响人们生活从而影响信念的经济，我因为知识背景的欠缺不敢多有妄言，但至少我们可以预期，如果美国人不改变那种自以为是的美国中心观念，不宽容地接受多元文化与社会存在，而是继续像过去那样一意孤行，其衰落就是必然的。因为在如今，一个依靠科学和技术来发展的强国，也无法割断它与世界上其他国家的联系，甚至更要依赖于其他国家的物质和人力资源。但对于这些关系的理想处理，却显然不是只依靠科学技术就可以解决的。

□ 你说的这层意思，与美国人半个多世纪以来的“自我加冕为全球领袖”的心态和行为有直接关系。美国人“自我加冕为全球领袖”，往好里说是“急公好义”，认为自己的理念和生活方式是最好的，所以要推广到全世界去，而且还自任国际宪兵，到处来“主持公道”。往坏里说，那当然就是强权政治，干涉别国内政，进行军事、经济和文化侵略了。不管往好里说还是往坏里说，问题在于，将自己以为好的东西强加于人，经常会“吃力不讨好”。己所勿欲，固然不能强加于人；己之所欲，也不能强加于人。

这就要说到“文化”上去了。回顾美国这半个多世纪以来，或这 15 年以来的做法，之所以“往好里说”和“往坏里说”会有如此大的差别，我想深层原因就在文化上。美国文化中的理念和价值，在别的文化中肯定不会全面得到认同。更何况即便是认同的部分，人们怎么接受也有方式方法上的讲究，“嗟来之食”即使对于一个饿汉，也会带来侮辱。所以美国人即使想做“好事”，也要讲究方式方法，不能傲慢。所以本书作者认为，美国承担了过多的“国际责任”——其中不少是它自己揽上的。

网上有一段美国读者对本书的评价：“对于教育年轻人理解当今世界的政治经济力量状态来说，对于其他关心自己未来的人来说，这都是一本好书。”这本书的情绪和调子，书中所建议的举措，都让我联想到奥巴马上任以来的一系列新姿态——这本书似乎就是为“新政”鸣锣开道的。

■　关于过去许多年来，美国存在的问题，不少人已经有了相当的认识。当然，也还有许多人没有足够的认识，而且有了认识，与现实中的改变也不一定是一回事。关于奥巴马能做到什么程度，新政能新到什么程度，也许还要我们拭目以待。

就此书来说，从我们以上的讨论，至少有两点可得出的结论，一是此书仍以科学主义为基础立场，二是此书仍然有积极意义。从这第二点，从此书的积极意义来说，也即有助于更多的人看清美国的问题。要解决这些问题，仅靠美国恐怕不行，还要靠包括我们中国在内的各个国家及人民的努力。而这样的努力的结果与影响，显然是与我们自己是否足够强大有关，而何谓“强大”，那就是另一个更加复杂，恐怕在此无法展开，而要另做讨论的重要论题了。

（《美国世纪的终结》，〔美〕戴维·S. 梅森著，倪乐雄等译，上海辞书出版社 2009 年 4 月第 1 版，定价：30.00 元。）

81

“咋越学越对科学不放心呢?”

——科幻小说《十字》

□ 标题上的这句话,是《十字》中的一个重要角色,孤儿美女梅小雪说的,这句话似乎也揭示了本书的主旨。这部科幻小说借助奇情异想的故事情节,对人性、道德、科学的善恶、要不要敬畏自然等等问题,作了深刻的思考。

一个优秀的病毒学家,花费数十年时间,纠合一小批顶级的国际同行,成立了一个秘密组织。而这个组织的目的,竟是在地球上复活“天花”病毒!

天花曾经是人类“消灭”的第一个致命传染病,1979 年 10 月 26 日,联合国世界卫生组织在肯尼亚首都内罗毕宣布,全世界已经消灭了天花病，并为此举行了庆祝仪式。这个胜利经常被用来证明“人定胜天”，也是科学主义最心爱的凯旋曲之一。科学主义的宣传还曾许诺：人类将来可以消灭所有有害病毒，从而生活在一个生物学乌托邦之中。

但目前世界上仍有两个戒备森严的实验室里保存着天花病毒，一个在俄罗斯的莫斯科，另一个在美国的亚特兰大。世界卫生组织曾于1993年制定了销毁全球天花病毒样品的具体时间表，后来因病毒学家和公共卫生专家们在这个问题上发生了争论，这项计划被推迟了。一些科学家认为，天花病毒不应该从地球上完全清除。因为在未来研究中可能还要用到它。美国政府已向全世界表示，反对销毁现存的天花病毒样品，理由是美国必须做好对付生物恐怖威胁的准备，为继续研究对付天花的手段，必须保留这一病毒样品。《十字》的幻想故事就是从俄罗斯的实验室开始的。

《十字》的故事中表达了一种更为激进的观点：消灭天花造成的“真空”，很可能引发更为离奇的病毒（比如艾滋病）前来填补；这种“消灭”是对大自然生态平衡的粗暴破坏，只会带来大自然更可怕的报复，所以要人为散布一些弱化了的天花病毒，以恢复大自然的生态平衡，而人类整体也能够通过激发产生对天花的免疫功能而从中获益——尽管在此过程中某些个体有可能被牺牲。

■　你已经把故事的梗概叙述了不少了。当然，从读者的角度来考虑，后面更有悬念的情节和结局，还是保留一些为好。但是也正像王晋康的其他科幻小说一样，此部小说也依然是非常引人入胜，非常可读的。

正如你刚说到的，这部科幻小说的重要背景，以及其中虚构的情节，都与天花这一人类历史上令人恐怖的传染病相关。而“消灭”天花，也可以看做是当代医学史中的重要事件，但当我们把视野扩展到更大的范围，像包括生命伦理学，包括到更深层次的人与自然的关系，以及科学与科学之能力的限度等，也依然是可以对此有些不同的思考的。

也算是偶然，但按前面所说的，也有某种必然，在去年10月，清华大学专门研究生态哲学的雷毅先生，我的女儿，以及我自己三人合著出版了一本名为《生态伦理十日谈》的书，在书中正好也提到了天花的例子，并有这样一段话：“比如，我们现在完全有能力灭绝天花，而且我们已经消灭了天花，但理智告诉我们，不能灭绝天花。因为在我们不了解天花病毒这个物种实际的生态功能的时候，不了解它与各个物种究竟是何种关系的时候，我们不能贸然地处理掉它们。任何一个物种的灭绝对我们来说都是一件非常糟糕的事情。我们之所以跟其他动物不一样，就是我们有这样一种理智，来很好地思考这个问题，预见比较远的未来。”

当然，《十字》这部小说仅仅是利用天花病毒作为其叙事的背景与情节的基础，作者所要谈论的，我想，还是对于人与自然以及科学之限度的思考。有意思的是，从《十字》中我们甚至能看到近几年国内有关科学文化争论的某些事件乃至代表性人物的影子。

□　你说的那个影子，想必就是小说中的赵与舟了。作者让赵扮演极端科学主义的代言人，而其人的冬烘之气，又有点像伽利略《关于托勒密与哥白尼两大世界体系的对话》中僵化的亚里士多德主义代言人辛普利邱。作者对赵基本上是揶揄和怜悯，但有时仍然掩饰不住对这个角色的厌恶，比如说他“倒更恰如一个散发着灾难气息的男巫”。

在赵与舟的立场上看来，天花的消灭当然是科学的伟大胜利，而且科学还将乘胜前进消灭更多的病毒。因此“十字”秘密组织的所作所为，在赵与舟看来是十恶不赦的罪行，所以他只盼着见到梅茵“被烧死在正义的火刑柱上”。

不过这部小说的微妙之处在于，对于其中梅茵等“十字”秘密组织的成员来说，要想简单地给他们贴上“科学主义”或“反科学主义”的标签，都相当困难。我的感觉，梅茵、她的义父、她的情人和丈夫等等，其实应该算是“仁慈的科学主义者”或“开放的科学主义者”。他们可以接受“广义人权”之类的动物保护主义乃至“病毒保护主义”观念，但他们在天花问题上的立场，也未尝不可以被科学主义引为同盟军。

在小说的情节副线中，那个名叫齐亚·巴兹的恐怖主义者，则是“利用科学做坏事”的典型，他不顾一切地策划和实施生物恐怖袭击，成为人类公敌。

■　像赵与舟，作为极端科学主义的代言人，小说作者显然是将其作为反面形象来处理的（只不过似乎在对之的夸张处理中略有点儿生硬），其基于极端科学主义立场的所作所为，我相信绝大多数读者也应该是不会喜欢的。而你将梅茵等“十字”秘密组织的成员归于“仁慈的科学主义者”或“开放的科学主义者”，是有一定的道理的。他们确实不属于典型的反科学主义者。他们得出天花病毒不应该被彻底销毁并因而要继续保存和利用的结论，也是基于科学研究的，而非人文伦理的出发点。这与像生态学这样的科学对于人与自然、对于自然生态系统的一些观点也是相近的。我们虽然可以说，在一定程度上，某些与人文伦理立场得出的类似的结论也可以从科学研究中得出，但我们依然要意识到仅有科学的局限，即使是持“开放”的科学或科学主义的立场的局限。

前不久，北京上演迪伦马特的名剧《物理学家》，那是一部写于将近半个世纪以前，基于物理学研究而制成原子弹为背景，讲物理学家之社会责任感的经典戏剧。在接受记者采访时，我曾表示：与40年前不同的是，在过去的几个世纪中，物理学最先对人类的思想方式和社会生活产生了巨大的影响，物理学家更多地处在与哲学、道德、政治的矛盾与交锋之中。然而，40年来，生命科学家逐渐取代了物理学家，处在这种矛盾与交锋的激点上，如果将来再有人写作、排演关于科学家良知的戏剧，生命科学家很有可能成为主角。

而科幻小说《十字》，不恰恰是以生命科学家为主角来讲述这类问题的最新作品吗？

（《十字》（科幻小说），王晋康著，重庆出版社2009年3月第1版，定价：28.00元。）

82

美国军控专家的深度恐惧

——读《国家的自我毁灭》

□　这本书是我偶然得到的，读后颇出意外，感到很值得在这里谈一谈。

作者是美国国防部前副部长，军控和裁军总署前主任。我们知道，美国人总是竭力要确保自己掌握最新的武器和技术，通常只有这样才能够让他们感到安全；而国防部长、军控专家之类的人物，自然应该是上述念头最热切的人了。所以在我以前的观念中，这类人物一定是典型的科学主义者。尽管理性告诉我这肯定有一点想当然的成分，但是当我读到本书，发现作者竟有如此强烈的反科学主义观点时，还是感到非常意外。

这种反科学主义观点集中表现在本书第二

章——只要看看这章的标题就知道了："科学将我们推入深渊"！在作者笔下，现代的科学技术根本不是善良慷慨的女神，而是被放出瓶子的魔鬼，是十足的洪水猛兽。作者对科学技术如今毫无节制的快速发展深感恐惧（有趣的是，这种疯狂的发展在我们这里总是用"一日千里"、"日新月异"之类赞扬的词汇来描述的）。他认为，人类文化已经分裂，人类疯狂追求科学技术的结果，使自己处于"浮士德的交易"困境中，例如，政治行为通常是有终极目的的，可是科学技术却没有终极目的——我们不知道它究竟要走向何处。作者警告说："我们对科学技术的强烈热忱必须要降温，因为我们必须认识到，我们'同魔鬼达成的交易'也许会带来灾难性的结局。"

■　此书如果说最特别之处，恐怕就是作者特殊的身份。当然，作者以这种特殊的身份说出的这些观点也给人们带来了额外的一些启示。

我们通常在讨论中作为出发点的，往往是一些对科学进行人文研究，或者说，在兴趣上与此相关的人，而较少地会注意到那些我们默认为自然会支持科学技术迅速发展的军事家和一些政治家们。因而，像依克莱这样的作者的立场，会像你说的那样，让人"颇出意外"。

其实，平心静气地想一下，如果仅就科学技术的负面作用来说，此书作者的观点并没有特别的新奇之处，他基本上还是因其工作的思考，得出了一些相当朴素的结论。当然，朴素的结论有时又是更有力的。他能够从国际背景的变化中，从冷战到对恐怖组织的担忧的背景中，看到科学技术在其中的重要作用以及令人几乎无可挽回的现实以及潜在的负面威胁，这恰恰表明了，人们从多种视角，是可以得出相近相似的一些结论的。

相对有新意的，是作者突破了以往人们从更文化的“两种文化”的分裂的视角，而是从科学技术与政治体制发展的不匹配中，看到了许多盲目地追求科学技术发展所带来的好处的人所看不到的阴暗面，这也反映出了作者的智慧以及某种关心人类的良知——尽管潜在地，他仍然是有些站在美国的立场上来说话。

□ 作者对科学技术的忧虑，可以分为两个层面。上面我们谈到的一些内容基本上属于哲学层面，但对科学技术高度发展所带来的后果，作者还有从他的职业角度出发所表示的技术性担忧。

作者认为，随着核武器、生化武器日益扩散，它们变得越来越容易得到了，如果恐怖主义集团获得了这些武器，就有可能以此来要挟政府，政府就真的可能不得不就范。这样的场景在西方的小说中，在好莱坞的科幻片、匪警片、动作片中，都已经出现过无数次了。本书作者特别强调的一点是：现代国家的国防安全措施，几乎都是针对外部侵略的，缺乏应对内部恐怖袭击的有效措施。将来万一恐怖集团掌握了核武器或生化武器，实施这种袭击使得政府行政中枢瘫痪，造成权力真空，或者以此来要挟政府，就有可能攫取国家的政权。“911 事件”已经为此敲响了警钟，所以作者认为，所有的现代国家都面临着同样的威胁（似乎与意识形态无关）。

作者还有更为技术性的忧虑。他对许多现代科学技术成就都抱有与众不同的怀疑态度。例如，即使对于医学卫生进步导致的人类寿命延长，作者也能够看到坏的一面，因为这“不仅对民主国家将带来财政困难，而且也能够延长暴政的时间”。而对于将计算机与人脑相结合的人工智能研究方向，作者看到的前景则是：“在人工智能领域如果出现两强相争的局面，最终会是最无情的那一方获胜。”

你上面说，感到作者“仍然是有些站在美国的立场上来说话”，本书为什么会给你这种感觉呢？

■　我说作者“仍然是有些站在美国的立场上来说话”，是指他虽然就科学技术的成果被恐怖分子利用因而形成面对全人类的威胁，但他曾长期在美国政府军界工作的经历仍然潜在地对其立场产生着影响，比如，他认为很大的威胁来自伊斯兰圣战式的恐怖主义以及生产核武器的“流氓”政权等等，也就是说，在政治立场上，他依然坚持的是价值上的美国中心论，而只是把科学技术及其破坏性的负面应用作为一种技术上的（尽管是几乎无法控制和消除的）潜在的灾难性问题。这其实从另一个方面意味着，作者在更深层次上，仍然是把因政治上（包括宗教上）的差异而带来的冲突视为必然，在这样的前提下，即使没有现代的科学技术，人类因相互残杀而带来的毁灭就能够避免吗？

当然，在作者的位置上，能够从技术性的层面上意识到科学技术给人类带来的巨大威胁（用作者第二章的标题即“科学将我们推向深渊”），已经是很不容易了。但我们可以思考的是，这种科学技术不可控制的发展（连作者及其代表的美国都对此无能为力）肯定不只是一种技术性的问题（技术性的问题在技术性的层面应该是有可能得到相当控制的），肯定背后有更为深刻的基础性的东西在支撑着。

□ 这正是本书比较有震撼力的地方，也是作者将读者引向最反科学主义思考的地方。作者之所以在本书一开头就引用了“浮士德的交易”、“同魔鬼达成的交易”来比喻人类对科学技术的追求，就是因为他已经感觉到，如今科学技术已经失去控制，人类已经被劫持，已经“身不由己”了。

作者认为，这个危险的失控过程，“起源于250年前的西欧，根植于一场关乎人类文化的大分裂。当时的科学突然从政治和宗教的控制之下解放出来”。对于中国公众来说，这种说法是何等的离经叛道！——想想看，依克莱所说的这种“解放”，在我们多年来熟悉的几乎一切教育读物中，不正是被尽情讴歌全力赞颂的吗？

从这一点，立刻让我联想起另外两本书——都是我们曾经在本专栏讨论过的：一是波斯曼的《技术垄断：文化向技术投降》，二是丹·布朗的《天使与魔鬼》。这两本书的作者都表达过和依克莱类似的观点。如今《天使与魔鬼》的同名电影正在热映，可惜小说高潮中“教皇内侍”的大段独白未能在电影中得到应有的强调。想到“教皇内侍”关于科学与宗教的说法，居然会和美国国防部前副部长，军控和裁军总署前主任的说法异曲同工，还真是有发人深省之处。

■ 确实，从这本书，以及从你提的另外两本书，我们当然可以设想，还会有更多我们还没有注意到的著作，从中人们可以看到，许许多多本不属于科学文化研究领域，而是在其他领域中有见识的人士，对于科学的负面效应（甚至更激进地就科学发展对于人类的威胁的问题），已经从不同的角度形成了类似的看法，得出了类似的结论。

由此，我们一方面可以看到毕竟还是有许多有智慧、有良知的人在认真地思考这一事关人类未来命运的重大问题，并提出发人深省的见解，另一方面，当然，我们也要认识到，在更大范围人群中，这样的人士依然为数有限，如何将他们的思考传达给更广泛的公众以及更多的决策者，就将是一个恐怕更需要长期的努力才有可能实在的艰巨的任务了。

（《国家的自我毁灭》，〔美〕F. C. 依克莱著，相蓝欣译，华东师范大学出版社 2008 年 5 月第 1 版，定价：29.80 元。）

83

“李约瑟难题”还能成为有生命力的研究纲领吗？

——初读陈方正《继承与叛逆》

□ 我总算看到另一个中国人决定在他自己的科学史著作中不再去求解所谓的“李约瑟难题”了——我知道这样说相当夸张，只是因为这些年来喜欢求解“李约瑟难题”的人多如过江之鲫，看得我实在是严重审美疲劳了，所以先说一句夸张的话来排遣一下。

陈方正的这部《继承与叛逆——现代科学为何出现于西方》，与席文(Nathan Sivin)“与其追究现代科学为何未出现在中国，不如去研究现代科学为何出现在西方”的想法相合。席文认为

“李约瑟难题”是没有意义的——因为在他看来讨论一件历史上未发生过的事情“为何没有发生”是没有意义的，所以“李约瑟问题”就被他尖刻地比喻为“类似于为什么你的名字没有在今天报纸的第三版出现”。

按照余英时为《继承与叛逆》所写序中的归纳，李约瑟是将“现代科学”看成大海的，而一切民族和文化在古代和中古所发展的“科学”（广义的）则是千百条河流，最终都汇入“现代科学”的大海之中——李约瑟自己的措词是借用中国的说法“百川朝宗于海”。但李约瑟这样一来，岂不就从根本消解了他自己的“李约瑟问题”？既然是百川入海，中国古代就是百川之一；川本身当然不等于海，海也不可能从某条川中变成——或者也可以说，每一条川都对海的形成做出了贡献（这一点又是李约瑟所强调的）。那么再问“中国这条川为何没有变成海”还有什么意义？

■ 李约瑟的“百川归海”，实际上是给出了一种有关科学发展的模式。不过，也许与余序的说法有所不同，实际上李约瑟并未认为所有的古代科学都必定会汇入到西方现代科学这一“海”中，但他显然认为中国古代的科学是最终将汇入此海中的一支。而且，他的这一模式，预设了最后只有一个对应于“普适的”科学的海，是一种一元论的科学观。当然，现在看来，他的这一解释模式显然是问题多多的。

当一个中国学者认真地探讨西方科学在西方文化中的发展，而且是在既考虑到与中国之比较的潜在心理背景之下，又回避了“李约瑟问题”，我当然也认为，与以往那种在很大程度上基于民族自尊的心理而过分夸大中国古代科学并强行将其与西方科学较劲相比，甚至将其视为西方科学的先声的做法，显然是中国人在科学史研究方面的进步。因而，也就有了你开头讲的那段话。但如果我们说的仅限于此，意义也不是很大，在面对以陈方正先生的这部“巨著”(以其将近70万字的篇幅也应算作巨著了)所代表的这种进步时，我们也许还可以再进而做些分析和讨论。

首先，我想向你提一个问题，即以你来看，这部专题撰写在西方文化中西方科学的产生和发展的科学史著作，与以往的著作相比，其“新颖”之处表现在哪里呢？

□　在我看来，本书最重要的新颖之处，在于作者对“现代科学的根在哪里”这件事情的关注。

这就要牵涉到中国学者中的另一个分歧了。上面讲到李约瑟关于“百川朝宗于海”的说法，当然让中国人听着还算舒服。但是在关于“中国古代到底有没有科学”的争论中，还有一种安慰国人心灵的路径，就是割断古希腊和现代科学之间的纽带——说现代科学不过文艺复兴以来的几百年历史，古希腊的科学不是现代科学，就如中国古代科学不是现代科学一样。所以如果说我们中国古代没有科学，那么古希腊、古罗马、拜占庭、阿拉伯、中世纪欧洲等等，大家全都没有科学。这样一来，大家全都半斤八两，中国人的面子不也就保住了吗？这个路径提出之后，当然也引起了争议。因为要割断古希腊和现代科学之间的纽带，也不是一件容易的事情。

现在陈方正的这部《继承与叛逆》，采取“将西方科学的历史认真讲一遍”的方法，来向读者证明：现代科学的源头就在古希腊。所以，现代科学出现在欧洲——古希腊科学遗产最终的主要继承者——那里，是必然的；而在中国产生不出现代科学,也是必然的。

很早以前我就主张“李约瑟难题”是一个伪问题,理由是这个“难题”的前提——中国古代的科学技术长期领先于西方——是无法成立的。我当时用的比喻是:无法断言“向南走的人比向东走的人领先”,现在陈书的余英时序中,也将“李约瑟难题”称为伪问题,并采用了另一个比喻:不可能说“某一围棋手的棋艺曾长期领先某一象棋手”,倒也不无异曲同工之妙。

总之,西方与古代中国走着完全不同的路,这正是陈方正在书中打算强调的。

■ 确实,人们经常会有一种习惯,就是将不同的东西比较,但如果要做比较,重要的是采用什么作为比较的标准。在李约瑟的比较中,实际上是潜在地采用了近代西方科学的标准。这就出现了问题,即将本来不一定可比较的东西硬拿来进行比较。而且,这样进行比较的结果,也是基于一种一元论的思维模式,而忽视了人类的知识(包括广义上的科学知识和技术,也即人类对于自然的认识与变革方式)的多样性的问题。

本来,前面我先问了你觉得此书的“新颖”之处何在的问题。接下来,本来是想继续问你觉得此书的不足之处,或可争议之处何在。但现在话已经说到这里,我倒不妨先来讲一点感想。我觉得,正像你前面说的,作者特殊地关注了“现代科学的根在哪里”这件事情。对此,我是同意的。如果限于西方讲西方近代科学,这当然没有问题,但与此同时,我却又有另一种感觉,觉得潜在地,作者仍然是具有一种把西方近代科学当做是特殊的、体现了人类对自然之认识的普遍真理的立场倾向。

也许这似乎有些吹毛求疵，但毕竟作者是在与中国科学进行比照的语境中在研究西方科学何以产生的历史。那么，在人类认识自然的知识系统中，中国科学，以及其他许许多多的非西方科学的对自然的认识，又应该被置于什么地位呢？

□ 我觉得你恐怕真的有点吹毛求疵了——“把西方近代科学当做是特殊的、体现了人类对自然之认识的普遍真理”的“潜在的”立场倾向，试问谁能避免？或者说，如果我们彻底戒除了这样的“立场倾向”，那我们再到哪儿去寻找自己的立场呢？我们再怎么反对“一元论的科学观”，你也得承认现代科学是多元中的一元，而且这一元迄今为止在成就上毕竟是独大的吧？

所以，在我看来，“中国科学，以及其他许许多多的非西方科学的对自然的认识”，眼下只能被置于（和现代科学相比）权重较小、位置较为从属的地位。这是没有办法的事情。只要我们确认非西方科学在科学史上（以及其他方面）有一席之地，那就行了。如果有哪一天，某一种非西方科学取得了类似今天现代科学的地位，那它将自动升格成为“对自然之认识的普遍真理”的位置。那时人们的“立场倾向”将随之转换。

历史，就是这样的以成败论英雄。你说呢？

■ 虽然在现实中，你所说的也不无道理，但我仍然是不能完全同意你的观点。虽然中国科学，以及其他许许多多的非西方科学的对自然的认识，眼下只能被置于权重较小的从属位置，是没有办法的事情，但像对于科学的人文研究这样的理论探讨，却不仅仅是屈服于现状。现实存在的事，有其“合理性”的一面，那是指它有这样存在的道理，对于这其中的道理，人文研究者要试图解释（陈方正的书正是要解释西方近代科学诞生于西方的道理），但这样的解释却不是唯一的，例如，像后殖民主义的解释，不也是一种说明为何西方近代科学原本作为一种“地方性”知识（而非“普遍真理”）却能迅速“全球化”的道理吗？关于非西方科学没能取得今天的地位，也是同样。

因此，作为负责任、有见地的历史研究者，总不能随大流地“以成败论英雄”，而是还可以分析现状如此的问题（你所做的诸多对于西方近代科学的批判反思不也是这类工作吗?），进而，也许会有些许的影响，至少是在努力上，试图让现实有所变化。我不敢说更宏大的目标，但能够些许地让更多的人不再随大流只有一种想法，甚至于在哪怕非常有限的程度上让现实变得更为合理些，那已经就是很了不起的结果了。

（《继承与叛逆——现代科学为何出现于西方》，陈方正著，三联书店 2009 年 4 月第 1 版，定价：68.00 元。）

84

《中国景色》:要科学更要文化

□ 我们这个专栏经常做“替人读书”的工作,但这绝不像许多工作那样令人厌倦甚至痛苦,相反它经常是令人愉悦的,因为这里谈的都是我们所欣赏的好书,读这些书本来就是我们乐意干的事情。这次读《中国景色》,我再次强烈体验了这种阅读的愉悦——这种愉悦甚至在我只读了几页之后就出现了。

《中国景色》这个平淡的书名,也许会让人产生错觉,以为这是一本关于旅游的书,况且它被做成了精美的图文书,更容易加强这种错觉。

其实这种“错觉”或许也不算错,因为本书的主体,是从作者十年来为每期《中国国家地理》杂志写的卷首语中选出的。我们知道,《中国国家地理》虽然从它的“出身”来说是一份地地道道的“科普”杂志，但是十年来它已经成为中国时尚杂志中的一个神话，而这个神话和旅游确实有着不解之缘。

不过话还得说回来，我并非旅游书籍的喜爱者，所以我阅读《中国景色》而愉悦，和旅游几乎没有关系。我喜欢这本书，是因为它“要科学更要文化”的追求——尽管作者自己并未宣示这样的追求。

■ 我同意你的说法，确实《中国国家地理》这本杂志已经为中国时尚杂志中的一个亮点，一个神话，当你在各地的报摊上看到这本“科学”的杂志时，显然是不会感到吃惊的。因为此书作者恰恰是《中国国家地理》的执行主编，而文章又是从杂志的卷首语中选出的，那么，谈论这本书，就与谈论这本杂志很难分开。

因为这几年我一直在看这本杂志，所以对它还是比较熟悉的。与它的前身相比，《中国国家地理》能够办到现在这个样子，我想，一是与编者的理念有关，一是与在这样的理念之下的精心策划有关。就前者，此书作者单之蔷曾在北京大学科学传播中心的研究生班学习过，在与他的交流中，他也承认那段学习对他的重要影响。而就后者，从那本杂志每期专题的选择，以及其中的内容，也是不难看出的。一方面，这样的理念与策划使这本杂志形成了吸引读者的特色，另一方面，就是像你所说的，它“要科学更要文化”，不过我觉得，如果用思想性一词来取代文化一词，也许会更加贴切。

恐怕也正是因为有这样的思想性，而卷首语又恰恰是杂志的导读或点睛之文，因而将它们再汇集起来，其价值也就显而易见了。

□　刚开始我看到作者在本书卷首语中说："这10年来我默默追求的东西，我找到了。其实这些文章都在做一件事：建构中国的形象。"我还觉得他是不是说得有点太大了？可是等我读到本书的第二篇文章，我就改变了看法，原来他说的还真是恰如其分的。

第二篇文章"运河毕竟不是海"，是谈论京杭大运河的。谈论大运河的文章我以前也看过不止一篇了，都是说这个工程多么伟大，这条运河对中国经济多么有贡献，等等。可是单之蔷的文章让我大出意外——他要谈论"大运河对中国人影响深远的负面意义"！接着就看见隽辞丽句接踵而来："运河文化有讲究交际、沟通和看重关系的色彩，还有官气和腐败的味道"、"运河文化中有一种消解英雄气概的东西"、"大运河繁荣的代价是沿海的荒凉与寂寞"。到如今中国东面海岸线上那一个个繁荣的新兴城市，他不是赞美讴歌，却是感叹"这些城市早就应该出现在那里了"，然而它们直到20世纪才出现，晚出现了一千多年，这是谁之罪？——单之蔷说这是大运河之罪，或者说是当年开挖大运河的决策者之罪。

这样的观点，我想一定会让那些全力赞美大运河的人产生反感，甚至感到愤怒。但是我真的喜欢他的这些说法——哪怕它们并不正确。事实上，中国有着如此漫长的海岸线，却至今还没有成为海洋大国，这确实是一个发人深省的问题。而归罪于大运河，真是一个清新而富有生命力的解释。

■　既然你说到了运河，那我们就也说说河的事吧。到目前为止，在《中国国家地理》的各个专题中，给我印象最深的，是2004年11月的"走遍世界去问河"那期。几年过去了，我还依稀记得那期杂志上对于欧洲一些国家的河流，特别是那里人们对河流利用的情况的报道，以及与我们国家情况的对比。其中，涉及到许多很有争议的问题，例如像水电开发，像开发与自然保护的协调等等。这里面在深层所涉及的，实际上是一个河流观，甚至于就是自然观的根本性问题。正如单之蔷后来在接受新浪采访时所说的，在我们这里许多人眼中："河流就是一个可以利用的资源，尤其是有些人，要把这个河流吃干、喝净、一滴不剩。"因而，才会出现疯狂建坝之类的行为，也才带来了我们国家许多河流的干涸或断流。

我还记得，也正是那一期关于河流专题的杂志，一方面在环保界以及更大范围内引起了很大反响，另一方面，也遭到了不少极端科学主义者以及出于各种原因为大力开发水电而不遗余力地叫好者们的激烈批评。可惜的是，在这本《中国景色》中，却没有收入那一期的卷首语，我觉得甚是遗憾。也许是因为那一期的内容与此书的标题，也即要建构中国形象的主题有所不符？个中原因我不得而知。但我相信，如果你看过那一期，一定会比看了大运河那篇文章更为过瘾。

其实，我们一说要建构中国形象，往往只是向着美好的方向去想。确实，对于美好的发展和追求是极为重要的。但与此同时，对于问题的存在的正视，也同样重要，两者是相辅相成的，而且从发展的角度来说，也许后者要更加重要。但要能够发现问题，就需要有思想，有立场，这也正是我前面所说的思想性的意思。

□　你再次强调了"思想性"，这一点我既有同感，而且恰好可以和我最近一些新的想法联系起来。

我们平时评价文章或书，当然有各种标准，但我觉得可以归纳为“三性”——知识性、趣味性、思想性。其中又以思想性价值最大，地位最高。而此“三性”又不是所有的文本都适合表达的。比如所谓的“学术文本”，主要用来实现知识的积累，它通常排斥趣味性，而且很难表现思想性。因为学术文本要求“言必有据”，就是要求有文献、事实、数据等等来“实证”一个结论，而许多创新的、深刻的思想，很难提供实证。尼采的“上帝死了”，能够提供实证吗？

类似的，关于大运河的负面意义，如果死硬地要求实证，说你必须证明：没有大运河则中国东部沿海一千年前就必定繁荣；而沿海的荒凉寂寞与大运河的存在之间，有文献、事实、数据支持两者之间的关系吗？如果此刻还没有，那对不起，请你免开尊口，还是让我们继续歌颂大运河吧。而且，嘿嘿，歌颂大运河可是有数据的呀，你看，每年航行多少多少船只、运输多少多少货物、沿岸三产每年有多少多少产值……这不是数据吗？不是实证吗？所以我曾说过：有时候，“学术”能够扼杀思想。

幸好，单之蔷的卷首语不是学术文本，可以自由表达他的思想。

■ 说单之蔷的卷首语不是学术文本，这我同意，而且，按照你通常的分类，大致可以划归为“中间状态文本”吧。但说学术文本一定就排斥趣味性，一定要求文献、事实、数据来“实证”，我就可以有异议了。例如哲学，哲学的学术文本也要有事实、数据来支持？也许，应该说，也有一类有观点、有见解、有思想的学术文本可以是思辨性的，当然，自圆其说也是必须的。就像你刚举的尼采的例子，难能说尼采写的就不能算学术文本？

不过，这里没有必要就此争论下去，以后有机会我们还可以再就学术文本的问题进行讨论。但就我们目前所关心的单之蔷在《中国景色》这本书中的文字，我们知道它们有思想性，有创意，能够让人在悦读中得到启发，这也就足够了。

（《中国景色》，单之蔷著，九州出版社 2008 年 12 月第 1 版，定价：68.00 元。）

副编

南辕北辙

戴维·洛奇：一个后现代智者和他的小说

□ 刘兵兄，我们要开始一个新的对谈专栏了，而这新专栏的名称是越来越难取了。我们两人在《文汇读书周报》上已经谈了六年的专栏名叫"南腔北调"，今年我们两人的学生章梅芳和吴慧在《科学时报》上新开的对谈专栏则取名"南征北战"——想想也奇怪，两个很可爱的小女生，不风花雪月，不闲情逸致，偏要"南征北战"，但她们说年轻人必须直面生存竞争，征战正在前面。这样一来，我们老哥俩的新专栏看来只能叫"南辕北辙"了。编辑部的晶晶小姐听到这个名字的反应是："竟然想到'南辕北辙'，思维角力的意味反而浓了，妙极妙极！"

当然，我们并不想专门在这个专栏里"角

力”，而是来谈谈我们共同感兴趣的书和人。

英国作家戴维·洛奇（David Lodge）正是这样一个人。

我记得十几年前，是你向我推荐了洛奇的小说《小世界》，我们两人后来都发表过关于这部小说的评论，十年后我们又以“十年重读《小世界》”为题作了一次对谈。因为这部《小世界》和《围城》有些类似——都是写知识分子群体中的世相百态，洛奇被一些人称之为“英国的钱锺书”。这种说法能否成立，当然还需要讨论。或者反过来，如果我们将钱锺书称为“中国的戴维·洛奇”，是不是可以成立？

■ 当我们决定开写这个新的对谈专栏，在商议话题时，很快想到了戴维·洛奇这个人，并一致认为这是一个恰当的、可谈的话题。这当然与我们之间某些共同的兴趣和欣赏品味有关。

当十多年前最初偶然地读到《小世界》这部小说时，我就对洛奇此人产生了极大的兴趣，并开始关注他。同时，我也曾将他的《小世界》有选择地推荐给一些朋友。之所以说有选择，是因为，有时当我觉得某人可能不会对这样的作品感兴趣时，当然我就不推荐了；有时当我觉得某人可能会对这部作品有误解，或者说，仅仅是流于表面情节的欣赏，我也不会推荐。因此，可以说，我所选择的推荐对象，差不多可以算作是自认为可能会是对戴维·洛奇阅读和理解上的“知音”。结果我发现，这种选择还是基本得当的。我郑重向他们推荐此书的那些人，果然都有着颇为会意的叫好。而当我像试验一样推荐给那些我觉得可能不合适的人时，其反应也与我估计的差不多。这样，戴维·

洛奇的作品竟然有了某种检验朋友阅读品味的附加功能。当然了，正像你说的，当我推荐给你时，你的反应也是非常积极的，这与你我能六年如一日地开对谈专栏，肯定是有密切关系的。

因为注意到这样一位作家，于是也就开始关注他的其他作品。后来，当他的其他作品也被译出，并放在丛书中由作家出版社出版时，我也便将其全部买来。再后，上海译文出版社再度新出其作品，应该说他的作品的影响力，已经是得到充分证明了。

因此，无论我们说他是“英国的钱锺书”，还是将钱锺书称为“中国的戴维·洛奇”，我觉得，这都只是一种近似的比喻而已。任何比喻，都有其局限，在我们刚说的例子中，又恐怕更是主要局限于将《围城》与《小世界》相比。因而，无论考虑到他们在这两部作品中，毕竟也还是存在着很大的差异，还是考虑到他们在其他作品和其他方面更大的不同，我便不怎么愿意使用这种颇为流传的比喻了。

□　戴维·洛奇可以成为朋友阅读品味的“试纸”，这真是一个奇妙的发现。

关于“中国的某某”这种说法，使我想起另外一件事。有些人喜欢将这种句型的桂冠廉价奉送给朋友或名流（当然他们也是好意），比如就不时有人呼唤“中国的李约瑟”，或者将这样的桂冠奉送给科学史界的某些人。所以这样的修辞手法中，“近似的比喻”已经算是不坏的了，更多的时候它连这种状态也达不到。

据有关资料，洛奇已出版了十部长篇小说，其中以“卢密奇学院三部曲”最为著名：即《换位》（*Changing Places*，

1975)、《小世界》(*Small World*,1984)和《好工作》(*Nice Work*,1988)。这三部小说都围绕一个虚构的城市卢密奇展开。所谓"英国的钱锺书"之名,主要也是从这三部曲上得来的。三部曲中最早被中国读者熟悉的,却是第二部《小世界》,不过因为这三部小说都可以独立形成完整的故事情节,所以接触的先后顺序,对于理解、领略这三部曲,不会构成太大的问题。

洛奇前些时候在接受中国记者采访时说:"我对于《换位》有比较特殊的感情,因为那对我是一个突破,是我第一次既在商业上也在批评界获得成功。而在《小世界》的写作过程中,我全身心地投入了这场'游戏',达到了我所预想的效果,我想我现在是肯定写不出这么好玩的作品啦。"他的这番夫子自道,对于中国读者最先接触的是《小世界》的中译本,倒是给了一个很好的理由。

■ 看来,关于戴维·洛奇我还是孤陋寡闻了,只是凭着一种业余(因为本非文学专业)的兴趣来关注,虽然看到作家出版社和上海译文出版社相继推出他的文集,却不知道他有十部长篇小说。不知什么时候这些作品都能够有中译本出版。因为我还有一个偏好,即当因某部作品而非常非常喜欢一个作家时,会有兴趣把所有他的作品都收齐,比如,像《侏罗纪公园》的作者克莱顿,他的所有我能够见到的小说的中译本,我都会毫不犹豫地买下。

但这里还有一点差别,即像克莱顿那样的作家,他的作品虽然也水准并非划一,至少因其商业畅销书的性质,总还都有着相当的可读性,而如果能够在我品味不够高的休闲式消遣中再获得一些额外的思想性收获,那就更好了。而且,就此标准而言,克莱顿也从来未让我失望过。

说到戴维·洛奇，情况似乎略有不同。虽然他已经出了中译本的那些小说我也都读过了，也还是觉得都挺不错，但不知是先入为主的印象过深，还是其他什么原因，甚至于像你刚提到的他讲自己后来再写不出那么好玩的作品，他的其他小说确实总是让我要与《小世界》相比较，而且比较的结果，还是不如《小世界》更有趣。

这样，就提出了问题：为什么我会有这样的感觉？其他读者是否也如此呢？在他的《小世界》与其他小说之间，能够造成这种差别的原因主要是什么？虽然这也是并非只有唯一答案的问题，但我还是愿意先听听你的想法，然后，我再讲讲自己的思考吧。

□　他的小说中译本，除了“卢密奇学院三部曲”，我只见过《大英博物馆在倒塌》和《作者，作者》，以及一篇文学理论性质的《小说的艺术》。你觉得洛奇的小说中，比来比去还是《小世界》最有趣，我想除了你个人的口味之外，应该也是有些道理的，洛奇自己不是也对《小世界》格外满意吗？

不过，我读洛奇的小说时，似乎没有你的这种感觉，至少是没有那么强烈。例如，我觉得《换位》也非常有趣：

来自英国的有点老派迂腐的斯沃洛讲师，和来自美国的“生活在文人的野心和情欲之间的张力中”（请允许我借用《小世界》中的句子，毕竟先入之见是很难除去的）的扎普教授，因为为期半年的学术交流活动而换了位——扎普教授来到了英国的卢密奇（洛奇自己说该虚构城市实际上位于英国伯明翰的地理位置），而斯沃洛则去了美国扎普教授原先生活的地方。不同的文化背景，不同的观察眼光和角度，就已经使这种“换位”让人期待着一些有趣的事情和看法。然而，作者建构故事的力度远远超出人们通常的想象——他竟让斯沃洛和扎普教授互换了家庭和妻子！

于是，在20世纪60年代的文化潮流背景中，两个假想的校园，两个假想的家庭，就此上演了一幕又一幕精彩的学术和人生戏剧。《换位》中的这种构想，如果和《儒林外史》或者《围城》中的故事结构相比，那我觉得后两者就显得相当平淡了。

顺便说一句，《小世界》中所采用的故事结构，据洛奇自己说是采用了类似“圣杯传奇”的结构，这样可以“容纳一大批不同人物的漫长旅程”，而这种结构也正是《儒林外史》和《围城》所采用的，只是我们中国人当然不用“圣杯传奇”这样的名称。其实《西游记》也是同样的结构。

因为我是先读《小世界》，后来才读到《换位》的，我不知道如果我交换了上述阅读顺序，会不会产生不同的感觉。估计你的阅读顺序和我是一样的，所以我们感觉的不同，就更有比较的意义了。

■　是的，我阅读的顺序与你是一样的，先读的《小世界》，然后才是《换位》。我觉得，虽然你认为《换位》也让你读来非常有兴趣，而且我也承认那是部不错的，甚至于很有想象力的小说，颇为值得一读，但你之所以将它单独提出来，也许，与你的性文化研究的兴趣又有某种潜在的关联吧。

我之所以对《小世界》情有独钟，恐怕也不一定就能说清理由。但我与其他一些更为注重该书情节的人比起来，在为其构想新奇的情节所折服的同时，更多地愿意想到的，是其情节之构成与作者的后现代文学意识，以及他的文学理论之联系。给我印象最深的，是在某种程度上，可以说作者将小说的情节也用于阐释其后现代理论。或者也可以说，其小说情节的构成，是以另一种具象的而非那种传统学术的抽象论述方式来表达后现代的观念理论。当然如果要更细致地对应，哪些情节的设置与对后现代的哪些观点的阐释相关，这恐怕有一定的难度，也会有些牵强，甚至于就不可能是一一对应的关系，但在整体上，还是可以感觉到其间很强的相关性的。而在更具体些的情节上，比如像追求圣杯的隐喻，以及在那位“女权主义”的代表者所讲述的各种听上去大量与性隐喻相关而且相当激进的观念等，都可以属于此类吧。

正因为这样，就使得戴维·洛奇这位有很强的学院派背景的小说作家，极大地有别于那些仅凭感觉或直觉来写作的小说家。他的学院派后现代学术理论，直接间接地体现在其小说的叙事之中，而且非常自然。这应该说是一种很难达到的很高的境界。在国内，我们偶尔也会听到有人将某些作家冠以“学者型作家”的名头。但与洛奇相比，其高下之分，那是不言而喻而且极为明显了。

□　你又在说笑了。不过性是谁也回避不了的事情，《小世界》中那个扎普教授的话题就经常是和性有关的——《换位》和《小世界》中的许多故事都和性有关。

其实我对于《小世界》中从“圣杯传奇”借鉴来的故事结构有着很强烈的兴趣，故事中有一条隐隐约约的线索，即青年学者柏斯对年轻貌美的女学者安吉丽卡的痴情追求。柏斯对安吉丽卡一见钟情，随后就走遍全世界去追求她——从一个学术会议追到另一个学术会议。每一次柏斯都几乎就要成功了，然而最终却总是水中月，镜中花，失之交臂。这种追求有时让我想起金庸小说中杨过、张无忌等人对心爱女子的痴情，不过洛奇并无意以情动人，更不煽情，他只是借此展示“学术界”那些光怪陆离的众生相，并且不时通过平静的口吻和皮里阳秋的措词暗示他的讽刺和嘲笑。

仅从《小世界》中人物的名字也可以看出，这类中世纪传奇故事确实给了洛奇很大的灵感。例如，小说中的青年学者柏斯，他的名字其实就是圣杯传奇中的人物帕西法尔(Parsifal)的变体——帕西法尔原是“天下之至愚”的山村少年，后来却成了众骑士的首领(这一点又和金庸《倚天屠龙记》中的张无忌有些相似了)。瓦格纳为此作过一个名为《帕西法尔》的三幕歌剧。又如，小说中的国际学术大权威，亚瑟·金费舍尔——他苦于缺乏新思想，也失去了性冲动——被认为显然就是“渔王”费舍尔·金的翻版，名字上的相似痕迹也清晰可见。

至于洛奇小说——特别是“卢密奇学院三部曲”——中的后现代色彩，恰恰是我希望你阐述得更仔细深入一些的地方。

■ 那我们还是以《小世界》为代表说事吧。你刚才提到的从“圣杯传奇”借鉴来的故事线索就是典型的一例。其实，这样的思路可以说是一种展开的西方文化传统的思路。比如说科学领域吧，当人们不遗余力地追求所谓的终极真理时，也正是这种典型的思维习惯所致。当然，在其他领域也是一样。如今，在我们的话语系统中，所谓的“客观”、“真相”、“真理”等等，也都成了人们似乎不假思索就会脱口而出被高频率使用的“日常词汇”。而在学术界，比如说像在对科学进行人文研究的领域，目前也仍有许多学者坚持着所谓的“科学真理”、“客观真理”。在这背后，我们不是可以很明显地看出与《小世界》小说情节隐喻中的那种追求终极目标的虚幻吗？

《小世界》以学者参加学术会议为情节发展的线索，在描述中就有诸多机会来写那些学者，写那些学者在会议上的表现，写学者们会上会下的谈论，这就给作者提供了一个在小说中更直接表现后现代理论的机缘和自然的理由。当然其中也经常会穿插一些带有调侃、讽刺和影射意味的内容。也正是在这当中，体现出了作者的理念和意图。因而，如果我们只是津津乐道于小说中对于学者以某种非学术式的方式参加着一个又一个会议，在会议中不学无术，游山玩水，享受浪漫（当然在世俗的意义上这些表面性情节的描述也令人叫绝），那恐怕还只是看到了洛奇这座巨大冰山浮在水面上的一个小角。

□ 洛奇在“卢密奇学院三部曲”中对于那些“国际学术会议”和有关活动的描述，是特别能让我们会心一笑的。

比如那个少年得志的扎普教授，当故事展开时，他早已经是一个非常资深的“学术油子”了——他满世界飞来飞去，在各国参加各种各样的学术会议，一篇论文可以在各个不同会议上反复演讲（在现实生活中，我真的见过这样的国外学者）。他平时的话题则总是时髦而当令。在这些对他来说已经得心应手游刃有余的学术活动中，他演讲，他调情，他猎艳，他也张罗学术会议，也不忘记巴结比他更大的学术权威（比如亚瑟·金费舍尔）。他认为自己的身价已经够得上“一份年薪十万美元的闲职”。

戴维·洛奇当然没有什么愤青情怀，所以他对扎普教授以及扎普所热衷的那些学术活动，虽然有揶揄，有嘲讽，但并没有批判。在这个问题上，他采取了某种超然的立场。毕竟，在现实生活中，洛奇本人必定也是这类活动的参加者——在扎普教授身上，不见得一点也没有洛奇本人的影子。从表面上看，洛奇笔下的一场又一场“国际学术会议”，似乎已经变成学者们的公款旅游和社交游戏，学术交流倒已经变成次要的了。但是事实上，这样的“游戏”确实是必要的，它们对学术交流和学术繁荣有好处。这是因为，一个国家繁荣富裕之后，也必然会追求文化，就像一个人衣食丰足之后，必然会追求文化和精神享受。作为国家如何追求文化？首选之事当然就是供养学术，而供养学术的一个重要举措，就是举办“卢密奇学院三部曲”中反复出现的国际学术会议。

十多年前我在一篇《小世界》的书评中，曾说过这样的话：“中国的扎普教授们已经成长起来，更多的柏斯们则正在攻读博士学位。”那时情况看起来似乎还是比较正常的，然而转眼之间，我们这里竟已经出现了相当荒谬的情景，比如学术上的“量化考核”导致学术泡沫弥天而来——出版了无数专著，发表了无数论文，召开了无数会议，提升了无数教授，扩招了无数博士……总而言之，许多场景已经极具反讽意味了。也许，西方发达国家当年也曾经历过这样的阶段？

■　你看，你已经在洛奇小说的基础上，给出了你的解读和延伸联想了。在文论界，一个很流行的观点是，一旦某个文本被创造出来，它就不再属于原作者，而是在每一个读者那里都有着不同的解读。但由此我们还会遇到新的问题：如何比较、评判不同文本的优劣，或者更弱化地说，如何比较和评判其间的差异呢？我以为，当一个文本对更广大的读者有着更广泛的吸引力，同时，又最大限度地提供了让不同读者以最为不同的方式解读的可能性，应该是好作品的重要标志。而戴维·洛奇以《小世界》为代表的作品，显然充分具备了上述这一特点。

"卢密奇学院三部曲"，〔英〕戴维·洛奇著，上海译文出版社，包括：

《换位》，张楠译，2007

《小世界》，王家湘译，2006

《好工作》，蒲隆译，2007

高才自古多沦落

——戈革教授其人其事其书(上)

□　刘兵兄，说起来，你我二人都可以算戈革教授晚年仅有的几个朋友之一了。当然我们都是他的晚辈，你对他是执弟子礼的；我虽被他视为忘年之交，但也一直对他执晚辈之礼。自从我认识戈革教授之后，25 年以来我一直认为，他是我们这个时代少见的才子，而且是一个相当不得意的才子。

我原先打算安排我的博士生吴慧小姐给戈革教授做一个系统的访谈，为这位奇特的人物留下一份口述史料，而且我已经和双方都谈过，戈革教授和吴慧小姐都很乐意。谁知我犯了一个不可原谅的错误——我想将这份口述史料的出版先落实好，然后一气呵成，结果就拖延了访谈的实施，而等到出版终于已经不再有任何障碍的时候，戈革教授却已驾鹤西游，遽归道山了！每当想到此事，我心里总是很难过。

现在，只好让我们姑且以回忆的方式，谈谈戈革教授，希望能弥补此事于万一！

或许有读者会产生疑问：这位戈革教授何许人也？他真的值得你们这样郑重其事地来谈论吗？那我可以先举出几点，来证明我们这样对待他是有道理的：

一、他是中国研究尼耳斯·玻尔（Niels Bohr，可与爱因斯坦比肩的伟大物理学家）的最大权威，他的这方面工作在国际上也得到高度承认。他翻译了十多卷的《玻尔集》。

二、他因为对玻尔的杰出研究，而被丹麦女王封为骑士，女王向他颁授了“丹麦国旗骑士勋章”。

三、他曾是当年张伯驹主持的诗社的成员，年轻时和周汝昌（如今的红学大家）等人是频繁唱和的诗友。

四、他的篆刻达到非常高的造诣和成就，钱锺书、李约瑟、于光远等人，都拥有并使用戈革教授为他们治的印。

■ 真的是很高兴能有这样一个机会，以这种对谈的方式来回忆戈革老先生。

不过，我先要做一点小小的说明。确实，正如你说，我对戈先生是执弟子礼的，或者用戈革先生的说法，因为他曾参加过我的研究生论文答辩，按照以前科举时代的说法，可算作是我的“房师”。从我念研究生开始接触他老先生，到在做论文时向他讨教，到他作为我研究生论文的评审人和答辩委员会成员，再到研究生毕业后在工作期间与他的各种交流，在相当长的时间中，我与他的关系也算得上是比较特殊了。

例如，在将近20年前，他为拙作《著名超导物理学家列传》（其实此书书名中“列传”二字也是出自他的建议）所写的序，是我所知唯一他给别人的书所写的序。在与戈老先生的交往中，我也确实获益良多。只是近几年，因一些特殊的事情，一直没有再见到他。也正因为这样，我觉得我们现在能以这种对谈的方式来纪念、悼念戈革先生，确实是我所愿之事。

你说到你曾想让你的学生对戈先生做一系统访谈而未果。不过你可能不知道，十多年前，我也曾动过此念，想以访谈纪录的方式做一戈先生的自传。这一工作在1995年甚至都已启动，戈革先生当时还很认真，从自序和“中国人的姓名”开谈，但甚为遗憾的是，只开了一个头，这项工作也没最后完成，最终只留下了两万多字刚刚讲到他的童年的纪录稿。现在我刚把它重新找了出来。

因为戈革先生似乎没有留下什么系统的传记材料，我想，如果从这幸运地留下的只谈了一个开头的两万多字的材料中，摘录出一小部分相关材料放在我们这个对谈里，也算是对戈革先生生平的一些早期材料的披露，你以为如何？

□　这真是太好了。因为在我和戈革教授的交往中，对他的童年生活谈得很少。

现在我们已经有几方面的材料来源了：一、你说的访谈记录。二、我最近偶尔在网上发现了另一则对戈革教授的访谈，倒是从童年谈到老年的，但只有五千多字，涉及的问题不多。三、当年戈革教授授权我在我们的“科学·历史·文化”网站上发表他的旧体诗词，这些诗词从侧面反映了戈革教授的情感生活和精神世界，我还曾根据这些诗词写作的年份，做了某些考证乃至“索隐”。四、我们两人与戈革教授直接交往中所了解到的情况。

我想，我们能不能试着根据这些材料，先设法将戈革教授的生平大致勾勒出来，然后再重点讨论一些有重要意义或有趣的问题？

■ 好。在戈革先生的那份自传记录中，他先从“中国人的姓名”问题展开长篇大论作为铺垫（这也是他写作的某种习惯），然后，便开始追溯“戈氏家族”的历史渊源。他提到：“几年以前我竟辗转得到了三册（计九卷）《戈氏族谱》，上面有先父的姓名及表字小印，并有先兄的亲笔改订。就是说，这本是我家的藏书，由别人代为保存了下来。这样的几本谱书（民国十一年重修铅印本），躲过了许多次的灭绝之灾，在今天也可算不可多得的珍本了！”由此看来，他对本家族源流的考证还是很有文献依据的。

简单说来，“其祖上本来住在云南，后来搬到洛阳，后来又搬到浙江，而‘近日’则已散布到江浙各地，包括‘吴江之垂虹桥’。后来，苏州戈家有人迁到了北京，不久又迁到了河间献县一带；而浙江戈家有人辗转迁到了河北景州（今景县）。于是就形成了献县和景州的两个支派。大体说来，后世北方姓戈的人，除个别人外，都分属于这两个支派”。

戈革，则属于献县戈氏。

在“我的童年”这一部分，戈革先生回忆说：

我于旧历辛酉年腊月廿五日(1922年1月22日)辰时,生于河北省献县前南宫村。其时祖父已逝,家中还有继祖母王氏、伯父和伯母周氏,伯父家的两个姐姐(后皆夭逝)和一个哥哥戈本宗、我的父母、我的大哥戈本捷(字足先)和我的姐姐戈玉清。三年以后,我妹妹戈玉环出生。我大哥乳名"福全",姐姐乳名"雪",妹妹乳名即为"环"。我乳名"福聚",学名原为戈本荣,后改为戈繁荣,字跃先。

我自幼反应迟钝,性情内向,婴幼时期身体较胖,二三岁时还走不稳路,后又因害痧眼,爱看小说,很快就成了近视眼。因此有些邻人认为我活不了几岁。等我长大以后,他们才把自己的推测告诉了我母亲。

因为性情迟钝,我自幼得不到父母和其他长辈的喜爱。我有一位远房的叔祖父,他有些学问,交游较广,性情豪爽,见识高超。他对我大哥的评价是"此吾家千里驹也",而对我的评价是"将来当一辈子教书匠"。我很尊重和爱戴这位老人,但是听了他对我的评价也曾暗中颇感不平,认为自己将来不一定就那么没有出息。谁知事有凑巧,至少是在我身上,竟被他"不幸而言中"!

我于七岁时入小学。那时的乡村小学还带有很大的旧式私塾性质,老师可以申斥和体罚学生(用戒尺打手心)……我们的家庭在村中被称为"财主",而我学习又很顺利,且十分老实(本来就不好动),因此我在小学时期从来不曾受过老师的申斥和责打。我们的课程已经不是《三字经》、《百家姓》之类,而是采取了"洋学堂"的《国文》、《算术》、《修身》等书。第一册《国文》的前几课，每课只有一个字，即人、手、足、刀、尺、山、水、田、狗、牛、羊，等等。

当时我们学习的方法全靠朗读。老师教了一课书，学生们就开始大声朗读，一读就是几小时，目标是要能够"背诵"。读了几小时还不能背诵，往往就要挨打。偏偏我从小不爱作声，因此特别讨厌那种朗读的方式，我只愿坐在书本面前发呆和胡思乱想。但是我永远能够顺利背诵，故老师也不管我。刚开始学《修身》时，第一课竟有八个字之多，即"夜间早眠，日间早起"，这被认为是很"难"的。老师看我坐在那里发呆，就走过来问我认不认得那几个字，我说认得，他一个一个地指着，我都正确地读了出来。于是他大为惊讶，认为我很有"天才"。

我们从一开始就有"习字"课，起初由老师写几个标准字，而学生们用薄纸铺在上面一笔一笔地描画。等有了一点点经验，就可以开始写小楷(也用相同的办法)。到了高年级，才能"临帖"。我一开始"习字"，便被老师和别的长辈们判了"死刑"，因为我写的那几个字实在太不像字。他们说，这孩子"手艺"(即写字的天分)太坏，一辈子别想写得好字！这种评价一直持续了很多年。但是我因中了旧小说之毒，一生"附庸风雅"，从心里喜欢琴棋书画之类("琴"除外，我毫无"音乐细胞")，一直喜欢写写画画，并收买一些碑帖书画。现在我写的毛笔字仍很难看，但其水平早已远远超过了所有当年判过我死刑的人了。

□ 在传统文人的所谓"琴棋书画"中，琴、棋两道我很少听他谈起，只知道他也下下围棋，看来他对这两道确实不擅长。但是在书、画两道上，则已达相当的造诣和水准。

不知你有没有注意到，他晚年书房墙上就挂着一幅他自己画的画，画面寄托遥深，题画诗中有“平生一事太遗憾，不信刘郎胜阮郎”之句，暗示此画与他的情感生活有关。

至于他的书法，他晚年有自己手抄诗集《拜鞠庐吟草》一册，是先将一张A4纸对折，然后画上左右各九行的乌丝栏，对折处还描有燕尾——完全描成旧时线装书的样子，再将这张A4纸复印数百份，接着就在这些纸上手自抄录历年诗词旧稿。事毕，再复印了十几份，赠送知音好友。我这一份前有题记云：“晓原博士得余吟草，有嗜痂之赏，谓将什袭而珍藏之。虽称许过当，亦令老夫有加倍知己之感也。杜工部怀青莲句云：世人皆欲杀，吾意独怜才，我非谪仙人，何足以当此乎！呵呵！辛未白露玄天之行前二日古稀叟戈革记于蓟门烟树之北。”意态飞扬，极见个性。他的书法虽然不能算非常漂亮，但显然是很有根底的。

说到戈革教授晚年的书房，很长一段时间里我是这间书房的常客，估计你也是不时会去的，但是我们两人好像从未同时出现在这间书房过。

■　戈革先生后来在书与画（当然还要包括篆刻）方面，确实表现出令人印象深刻的表现。从他的自述中，我们应该是可以看出其童年时所受教育的影响了，说实在的，虽然他自谦地说自己的毛笔字后来还“很难看”，但我们现在的教育，恐怕就完全不可能再有这样的基础训练了。

好，再继续摘一点戈革先生对其生平早期的回忆：

我在初级小学读了四年，应该毕业了。但是我们村中没有“高小”。父母认为我年岁太小，而且性情太笨，不宜自己出门，因此让我继续在本村小学中多读了一年。然后就送我到二十多里以外一个叫“沙洼”的镇上去读高小。那地方在“子牙河”畔，我平生第一次见到了一条河。在那里，生活条件是十分艰苦的。一日三餐都是粗粮，夜间大家一起睡在土炕上。

第一次离开家，独自一人生活，我觉得十分孤独和痛苦，每天都盼望快快放假。每到寒暑假，我父亲都来接我。我因不受喜爱，从来就很怕我父亲。但是每当放假他来接我时，我却心中觉得和他十分亲近。这种感情我不敢也不好意思表现出来，只能把自己的学习成绩报告给他。那时我的成绩是很好的，在班上不是第一名就是第二名。

当时高级小学的学制是两年。我高小毕业时我父亲已经得了重病，当时只说是“痢疾”，多方医治无效，过了几个月他就逝世了，年仅 42 岁。现在想来，他的病恐怕是肠癌！

1936 年夏天，我父亲逝世半年以后，我被送到沧县的“河北省立第二中学”去读书。在那里，我开始受到“级任”老师的歧视，原因是我不会卑躬屈节地向他献媚。他多次借故在班上申斥我，有一次且对我“罚站”。另一方面，当时中国的教师们，多数还有些道德观念和为人师表的责任感。他虽然十分不喜欢我，但仍对我表现了一定的关心。当时我患痧眼很严重，他主动地多次带我到医院去治疗，并且向我家中提出，我的眼病必须认真对待。在他的催促下，我大哥和他的几个同学进行了联系。当 1937 年暑假开始时，他的一位家在沧县的同学就把我送到了北平，到他们的一位医生朋友自开的专科医院中治病。

父亲最得意的事是培养我大哥上大学。我们平常过日子，一个钱也舍不得花。但是父亲却从每年的家用中提出很大的一个百分数来供给我大哥从中学一直读到大学毕业（天津，国立北洋大学机械系）。他并不讳言这是他的一种"投资"。每当别人恭维他有魄力供儿子上大学时，他就会说："现在本钱是下上了，且看将来的结果吧！"可怜的父亲呐，当我大哥即将毕业时，他却早早地离开了我们。

我父亲去世以前，当战乱还未开始时，就给我订了亲。战乱来时，家有大姑娘可真是最为提心吊胆之事，因此我岳父那边当然希望我尽早结婚。但是按照当时的礼教，我丧父的孝期未满，而且年岁也太小，所以婚礼不能举行。后来在那种恐怖而席不暇暖的日子中度过了将近两年，实在拖不下去了，我终于在 1939 年 5 月结了婚，当时我和妻子都只有 17 岁。

婚后一年多，家乡实在呆不下去了，我终于冒了极大的危险，开始了"流亡"的生活。从那时起，我就基本上脱离了有我童年影迹的故乡，后来只短期地回去过很少几次。

非常令人遗憾的是，在讲到他父亲的去世和他离开家乡之后，这个自述就没有再继续下去。不过，从这些片断的摘录中，我们还是可以看到戈革先生早年生涯的若干重要信息，这对于理解戈革先生后来生活的轨迹，显然是重要的背景。

□ 非常巧，我所知道的戈革教授的情况，恰好可以从此处衔接下去。

在流亡中他到过河南，后来辗转到了甘肃酒泉去上中学(因其兄在玉门油矿工作)。1945年他考上了西南联大，1946年，抗战胜利后西南联大重新分成原来三个大学，他选择了北大，而当时整个物理班五十多人，除了他和另一同学，其余人都选择了清华。他这样选择是因为当时北大没有体育课——他讨厌体育。他后来谈起此事时，又开玩笑地提到当时一个顺口溜："北大老，师大穷，清华燕京可通融"——据说是当时年轻女子选择对象的标准。

1949年他大学毕业，当时解放军已经包围了北京城。新中国建立之后，他进了清华研究所念研究生，1952年毕业，但当时政策多变，这批研究生没有任何人拿到学位。那时工作由国家分配，他被分配到山东工学院，他学的是理论物理，在工学院没有用武之地，只能教教普通物理。后来他回到北京，一再要求去综合性大学，始终未能如愿，最终在1953年他去了新成立的北京石油学院——仍然是工科院校，一直在那里工作到退休。他退休时的单位名称是"中国石油大学研究生院(北京)"。

事后看来，让戈革教授这样的人，长期托身于一所工科院校，确实是一个错误的安排。虽然石油学院对他的研究工作也不是完全没有承认和支持，但是如果他能够托身于比如北大这样的文科、理科传统都很强的综合性大学，他肯定会获得更多的理解和支持,也会更容易遇到同好和欣赏者。

据我所知,上世纪80年代,戈革教授有一个可能的机会,可以调入中国科学院自然科学史研究所工作,如果这样,他晚年翻译《玻尔集》等等工作,肯定会获得更多的支持。不知为何,此事后来没有下文。

■ 我相信,如果戈革先生能有在综合性大学工作的机会,其后来的处境显然会有很大的不同,尽管在他的时代,仍然要经历众多的政治运动,而他的性格又是那么孤傲,估计也少不了各种磨难。

说到这里,戈革先生的生平大致已有一个粗略的轮廓了。我们似乎也可以在此背景下来谈谈其他的方面。刚才说到政治运动和戈革先生的性格时,我忽然联想到了另一个我并不认识的人,即那位在前两年很火很畅销的《束星北档案》一书中的主人公,物理学家束星北。他们之间的年龄差距似乎应该不算大,经历的时代也差不多(当然,戈革似乎要稍晚一点点),又都是学物理的,个性又都很强。从束星北多灾多难的人生经历中,我们恐怕也不难想象出,即使戈革先生能有机会在综合性大学,甚至在中国科学院工作,因其性格,也很难在事业上一帆风顺吧?

人们常说,性格即命运。从戈革先生早年的经历,我们似乎可以看到他的性格之形成的一部分因素。至少在我接触他的这些年中,我发现,其实,他与很多人相处得都不是很好,他也非常清高地看不起许多人(尤其是许多学者),在与出版界打交道时,这更表现得很突出,也导致了他的著作在出版上遇到相当的困难。当然,戈革先生是有资本清高的,但毕竟这种不入世、不从俗的为人方式,是其一大特点，甚至在极端的情形下，有可能表现出一些略显扭曲的形式。我们在理解戈革先生时，恐怕不能不考虑到这一点吧。你说呢？

（未完待续）

高才自古多沦落

——戈革教授其人其事其书（下）

□　你从戈革教授联想到束星北，真是相当有道理。其实从戈革教授留下的诗词中，我们也很容易印证你的判断。比如“一生不戴乌纱帽，半路常逢白眼狼”、“何须更问阳关道，一线羊肠独自行”、“行遍人间独木桥，阳关大道太无聊”、“此心碾碎成原子，空剩枯颓老病身”、“海雨天风渐相忘，淡烟残月自题诗”、“算来错铸天来大，错认伊人懂爱情”、“只望花荫重遇见，无人行处都行遍”、“平生一事最遗憾，不信刘郎胜阮郎”……在在勾画出一个怀才不遇、牢骚颇甚、清高孤傲、埋头治学、情感生活也不是十分如意的学者形象。与束星北相比，我觉得戈革教授可能更清高一些，束星北也没有戈革教授那许多锦心绣口的文学才情，以及篆刻、书法等方面的造诣。

戈革教授之治学，也只能在时代的"初始条件"和"边界条件"约束之下进行。他是学理论物理出身，但因为工作单位的硬性分配，使得他未能如愿接近理论物理的前沿。据他自述，后来他开始翻译玻尔的著作，"慢慢地我就走上了科学史翻译与研究的道路"。

《玻尔集》中译本的翻译和出版，也是好事多磨。从上个世纪70年代开始翻译，已经出版了10卷，第11卷已经译完，第12卷的原版他在2006年拿到，也已经译完。《玻尔集》最初两卷由商务印书馆出版，后来改为在科学出版社出版。如果不是戈革教授自己从丹麦为《玻尔集》中译本的出版找来了资助，如此卷帙浩繁的学术著作要在国内出版，恐怕是难以想象的——在中国，毕竟只有很少的人知道玻尔，同意玻尔学说具有伟大意义的人就更少了。这个巨大的学术工程，总算在戈革教授生前得以完成。据说他临终前曾表示：《玻尔集》已经译完，此生已无遗憾。闻之令人感动。

■　这里你已经开始说到戈革先生令人惊叹的科学史翻译工作了。我想，就翻译的数量来说，也许国内科学史界再无一人可与之相比了吧。《玻尔集》，除了尚未出版的最后两卷之外，我倒是也非常幸运地得到了前十卷。仅此一项，就足以奠定戈革先生在科学史领域中翻译的经典地位了。更何况，这是以他一人之力完成。当然，其中经历的辛酸，也是旁人所难以想象的。在已出版的十卷中，辗转由三个出版社相继出版，而且，每卷还都要由戈革先生自己找来出版赞助。即使是这样，到最后科学出版社也不肯再继续出了。

而且，如此艰难出版的那些卷，印数也相当之少。生前，戈革先生曾对我抱怨此事，说，起码每所有物理系的大学，总该会买一套《玻尔集》吧，再加上各图书馆，也决不应只印这么少。然而，现实总是与最起码、最正常的预期不一致。如果真能做个统计调查，我想，在国内有物理系（还不用说那些只有物理教研室之类的）学校，能有一套《玻尔集》的，恐怕确实是屈指可数的。我们的学术，就是这样的现状。

当然，说到这里，还会再引出一个问题？从理论上讲，任何一个以物理研究和物理教育为业的物理系，当然地需要对这个领域中20世纪最重要的物理学家之一玻尔的著作集有收藏，但为什么不呢？除去经费、信息、销售渠道等因素的制约，我想，一个重要的原因，还是对于物理学这样的科学学科在知识之积累和发展的理解上的问题。你想，这种经典文献性的东西，固然与物理有关，但这种关系更是在一种历史的、人文的意义上的关系，只关注最前沿，只关注SCI之类的人，显然是不会对于像玻尔这样已经成为历史人物的人的著作有多大兴趣了。但这样的后果之一，则是哪怕在物理学本身的范围和意义上，就会变得“有知识、没文化”了。

说到个人的例子，我在先后受赠十卷《玻尔集》后，倒确实曾因此而有某种直接的收获。正是在其中，我注意到了玻尔与超导研究的关系（在通常谈论超导和超导史的文献中，少有谈及此事的），也因此，在十多年前，沿此线索（而且不仅仅是线索，《玻尔集》本身就已经提供了许多重要信息），完成了“玻尔与超导物理学”一文，该文在《自然科学史研究》上发表之后，还曾获得了“大象科学史论文奖”。为此，我也应感谢戈革先生的这套辉煌译作呢！

□ 戈革教授在对玻尔学说的译介和研究方面，确实做出了罕见的努力和成就，要不丹麦女王也不会向他授勋并封他为骑士了。记得当年在授勋仪式（在北京举行）之后不久，有一天，那是在一个多云的午后，在他住宅的书房里，他和我谈起此事，他说：“国内科学史界有些人一直排斥我，这次授勋应该可以稍微洗雪一下我的耻辱了吧？”我说：“不，那些排斥你的人才有耻辱。”当时午后淡淡的斜阳正照进书房中，他说这些话时的音容笑貌，仿佛就是昨天的事。

除了《玻尔集》，戈革教授还翻译了许多书籍，大都与物理学有关。我自从26年前在北京念中国科学院的研究生时，开始和他成为忘年之交，他有新书出版都会送给我，记得有一天我对他说，我要收全他出版的所有书籍，结果他马上从书架上抽出好几种尘封的旧书，问我见过没，我都没有见过，那都是他好多年前出版的译著。于是他颇为得意地说：你看，你还 far from“收全”呢！

戈革教授除了译著之外，属于“原创”的著作出版得不算很多，这里先说如下几种：《玻尔》，台湾东大图书公司1992年出版，是“世界哲学家丛书”中的一种。《学人逸话》和《玻尔和原子》，都是江苏教育出版社1999年出版的。这三种都带有普及色彩。但是他最重要的原创著述，我认为应该是他的《史情室文帚》，此书有中国工人出版社的简体字版（1999）和天马图书有限公司的繁体字版（2001）。还有一本《渣轩小辑》，湖南教育出版社2007年出版。后面两种书中，有许多非常好玩的文章。

当然，他还有至少三种重要著作，尚待出版：《金人谱》（为金庸15部武侠小说中的人物制作的印谱，凡1200余人，1600余印）、《挑灯看剑话金庸》（对金庸武侠小说的评论集）、《拜鞠庐吟草》（他的旧体诗词集）。

■　说到这里，我们已经开始涉及戈革先生的翻译和科学史研究工作了。但作为一位真正意义上的才子，他可以为之自豪的领域，却显然不仅限于这两项。

熊伟，也是出身于科学史而与戈革有密切交往的不多年轻人之一，尽管他现在身在国外，已经不专业从事科学史工作了。前些时，他在北京大学科技哲学论坛上发了一个回忆、纪念戈革的帖子，很长，写得很不错。其中他谈到，他对戈革的活动领域有如下排序：

> 文章，篆刻，诗，翻译，玻尔研究，科学史研究，教育，书法，绘画。

当然，后来又有人对此排序有所争议，但无论如何，至少这表明了戈革的多才多艺。不知你对这个排序有何见地？或者说，按照你的理解，还应如何调整次序和增加什么内容？比如，我就想到，在这个排序中，就没有体现出他对武侠小说（尤其是金庸小说）的热爱以及研究；又如在教育方面，也是应包括物理教育和科学史教育两大方面。我曾当面听戈革说，在科学史之外，他应该有资格带武侠和篆刻方向的研究生，这也表明了他自己在其学术理解意义上对自己的某种评价吧。

对谈到现在，按照戈革本人擅长的领域来说，还有更多没有提及的内容。在这当中，如果按照其本业，也即科学史的学术价值来看，当然应该重点谈其科学史工作（包括翻译、研究和普及性著述），但在此之前，也许我们更应谈谈他那些“不务正业”的爱好，像诗词、篆刻等。在这些方面，你应该是更有发言权的。

□ 熊伟的长文我看了，他的上述排序，我基本是赞成的，可惜我们不能起戈革教授于地下而问之，不知他本人对这样的排序有何意见。不过这个排序，倒是颇有些林琴南标榜自己桐城派古文第一、聂卫平标榜自己桥牌更好的风格。

说到戈革教授的旧体诗词，那是值得大书一笔的。现在有些号称喜欢做“旧体诗词”的名人，连对仗、韵部都搞不清楚，更别说平仄和入声字了，他们随便凑上四句七个字的，就说是“七绝”；凑上八句七个字的，就说是“七律”，也不怕别人笑话。倒还是民间有些真正的旧体诗词爱好者，能做些像样的。

但戈革教授就不同了，他在旧体诗词方面，可以说是惊才绝艳！既有相当大的天分才情，又有足够多的训练造诣，总体达到了极高水准。放眼当代中国大陆，我是没看见能比得上他的人——当然我孤陋寡闻，不敢保证没有比他更高的作者，或许深隐不出，也不作诗示人。不过如果诗人这样隐居，那也就不必计入“当代诗坛”了。

戈革教授的旧体诗词，既能缠绵悱恻，风流旖旎，也能游戏笔墨，打油玩笑。前者如《鹊踏枝·和冯十四首》之十：

记得碧桃花下宴
舞凤歌鸾
绰约人初见
悄送横波回粉面
分明咫尺天涯远
羞展蛮笺重写怨
絮果兰因
欲说情还懒
夜夜玉壶红泪满
十年一别音书断

后者如《登异香楼四首》之二：

小坐时沾荀令香
解衣盘礴貌堂堂
一行作吏难开缺
三载窥臣漫穴墙
照影飞蝇临镜鑑
落汤馋蚋品旗枪
寿山石好高天下
最数田坑橘子黄

他诗词中的《鹊踏枝·和冯十四首》，代表了他在艳情诗方面的最高成就，是他步南唐冯延巳原韵而作，不仅“置之古人集中几可乱真”，在我看来犹有过之——有些篇章比冯作更佳。况且冯作十四首相互之间并无联系，而戈作十四首则一气而成，隐隐构成一个美丽哀怨的浪漫爱情故事。有一次我们闲谈时，我曾就此向他求证，但他笑而不答，只是说：“诗本在可解不可解之间”。

因为我经常由衷称赞他的《鹊踏枝·和冯十四首》，有一次他童心又起，一天忽然给我寄来他新做的仿温庭筠风格的《菩萨蛮》八首，看得出也是精心结撰的风流旖旎之作。下次我们相见时，他问我：你看这八首与“和冯十四首”相比如何？我说你要听真话还是听假话？他说当然要听真话啦，我就对他说，我觉得这八首不如“和冯十四首”。他听后沉吟了一下，说：“我自己也觉得不如。毕竟我老了，不行了。”我安慰他说：做诗也要讲究心境，不可强求的呢。他深然之。

■ 说实在的，对于古体诗，我真是不怎么懂，因而，也无从在此多做评价。印象中，好像在我们周围的人中，对于他的一首名为《君子兰歌》的作品，多有提及和好评。而你所说的，放眼当代中国大陆，你没看见能比得上他的人，这应该已经是极高极高的评价了。往高了评价不好谈，往低了评价一些人也许反而容易一些，我倒是经常看到一些当代学者，会附庸风雅地诌上几句“古诗”并为之洋洋得意，不过那却往往只不过是“打油”级别而已。古诗与古词的平仄之说，我倒是看过一些书，似乎懂得些，但我见那些不入流的学者所诌的“诗句”，却经常是对此完全不顾，与其那样，还不如干脆写白话诗算了（其实，这并非说白话诗就好写，那样的学者，就算是写白话诗，恐怕也不过是所谓“梨花体”而已）。可是，关于诗之韵，我只懂北方语系在曲艺意义上的“十三道大辙”（这与早年我学写曲艺段子的经历有关），而对那种包括古音考虑在内的韵，就一窍不通了。

说了不少戈革先生的诗和词，现在我们还是得回过头来谈谈戈革先生的主业了吧。这里说的主业，当然是指他的科学史工作。说他的科学史工作，我的排序是：翻译、研究性著述、普及性著述。其中，在最后一类中，也不乏“中间状态文本”（尤其是像他曾发在上海的《自然》杂志上的那些系列文章）。而他即使写研究性的论文和专著，也体现出了他所独有的风格和性格，虽然大多涉及物理学史，但你对此，应该并不陌生，你是否可以先谈谈你的印象呢？

□ 你提到的《君子兰歌》，当时在圈子里确实相当有名。不过在我看来，此诗在戈革教授的旧体诗词作品中，排位恐怕只能在中等略偏下。

说老实话，我虽然很长时间里是戈革教授家中的常客，但我每次到他那里去，从来不谈物理学史（他的专业）或天文学史（我的专业），我们只谈旧诗词、武侠小说、金庸、篆刻、书法、名人轶事等等，总而言之，不谈任何科学史。不过，当他翻译的《玻尔集》开始陆续出版时，应我的要求，他每册都题赠给我，如果这算是涉及了物理学史的话，那或许就是我们交往中唯一的例外了。

这当然和我自己的情况有关。在所学专业和自身兴趣的关系上，我觉得我和戈革教授可能有着某种“同病相怜”的状况。我们天生的兴趣都在文学历史诗词歌赋琴棋书画之类的玩意儿上，然而却都有一个纯理科的“出身”——他是学理论物理出身，我是学天体物理出身。我想这种非常特殊的相同之处，应该是使得我们成为忘年之交的重要原因之一。我们见面时之所以从来不谈科学史，不是我们两人刻意回避的结果，实在是因为我们共同的兴趣在那些“不务正业”的方面更强烈、更浓厚之故吧。

关于戈革教授的科学史研究，我的印象是，他对物理学史还是有着相当深刻的了解，尽管他在这方面的学术论文并不多。另外，他因为国学底蕴深厚，所以对别人有些关于中国古代物理学史的穿凿附会之说，颇能够直指其谬。不过，你的研究领域倒是物理学史，我想你更能够对他的物理学史研究做出恰当的判断。

■ 要准确地评价戈革先生的科学史研究，也还不是一件易事。与他大量的翻译作品相比，他的专著和论文要相对少些。虽然也有给你留下颇深印象的像他对某类中国古代物理学史的评论性、批评性而且文风相当另类的文章，但他更多的研究，主要还是集中在玻尔，以及与玻尔相关的问题上。在这方面，坦率地说，戈革先生是颇为自信，而且对于他人涉及玻尔的工作，基本上都不大看得上的。这里面，我想，有其在玻尔的文献方面下了大功夫的背景，也有像我们前面所说的其性格方面的因素。他对玻尔的资料确实掌握得很充分，物理功底又好，在对诸多问题的理解上，经常有与常见说法不同的地方，当面对那些水平低劣的科学史“研究”(在这个领域中，就像在几乎所有的领域中一样，这样的东西实在太多太多了)，他尤其不能容忍。在国内关于玻尔研究方面，在量子物理学史方面，戈革先生显然是最为权威的研究者。

我想，也还是在很大程度上与其性格有关，在与我交往中，他也经常抱怨，说学界(当然这个说法有些太大了)“封杀”他，这是指他许多文章很难发表出来，当然，这会影响到他主动写论文的积极性，除非有人约稿。而且，即使在约稿的情况下，也还会遇到种种不快和困难，因为他对自己文稿的独立性的要求，经常不满意编辑的修改要求，更反感编辑直接的改动，甚至于对来自出版界那些官方的文字出版规则也不认同而且不肯妥协，经常让编辑们很是为难。因而，我想，这也是他文章发表数量相对少的原因之一吧。

从研究风格上讲，我觉得戈革先生基本上是那种传统的历史研究风格，但与国内最常见的（尤其是在中国古代科学史研究领域中最常见的）考据第一的风格相比，他还更注重对史料的理解，注重观念。将近 20 年前，他在为我的《超导物理学家列传》一书写序时，曾说过，对于搞西方科学史的国内学者来说，其资料条件是远远无法和国外同行相比的，“但是有一点我们和美国同行相同，那就是大家每人都只有一个头脑，而且不分优劣。因此，当大家掌握的材料都很不充分（甚至有一方掌握得很充分）时，在动脑上我们不见得永远推枰认输。我国很少几个在科学史上真正取得了一点成绩的人，大体上走的正是这条路子”。在这里，也许我还可以略有些得意地接着引用戈革先生的话：“请允许我说，我以为刘兵也是走的这条路子。”

另外还可以提到的一点就是，与许多学科学出身后来转向科学史但在知识背景上却不那么宽泛的研究者不同，戈革先生极好的国学修养，在他的研究工作中也有着体现，而且他的学术写作，是很有一些将传统的人文修养与科学史相结合的特殊风格的，但这种风格，恐怕就是旁人所难以企及的了。

□　你对戈革教授物理学史研究的判断很中肯，我完全同意。

在我们对他的学术成就和人文修养做了这些回顾讨论之后，也许我们还应该从另一个角度来看看戈革教授。

俗语云“金无足赤，人无完人”，戈革教授当然也不是完人。不过，作为一个如此倾慕他的后辈，要我来说他的缺点，还是相当困难的，好像有一点心理障碍。但为了尽量客观地评价他，我还是斗胆说一下吧。

我所见的戈革教授的缺点，基本上可以用八个字概括，那就是：恃才傲物，牢骚太盛。我相信这多半是性格使然。他绝对是一个性情中人。但平心而论，这八个字确实给他带来了不少困扰。

恃才傲物容易得罪人（毕竟有些时候原是没有必要得罪的），使他的人际关系受到影响。他诗中有“高才自古多沦落”、“常恨乾坤有外行”等句，正反映出他这方面的性情。当年熊伟曾有一个更为直白的表达：“戈革先生就是恨人家没学问。”

而人际关系的欠佳，又会助长他的牢骚——这种牢骚经常反映在他的文章里。我猜想，他的有些文章在发表时遇到困难，可能和文章中某些不必要的牢骚有一定关系，特别是他又极度反感编辑改动他的文章，更加剧了这方面的困难。

但是不管戈革教授有多少缺点，和他的才华相比，就都只能是白璧微瑕。

■ 我很同意你的评价和总结，特别是那八个字，即“恃才傲物，牢骚太盛”，非常准确地描绘出戈革先生的某种性格特点。戈革先生给许多人留下的印象确实如此。但我想，也许这种被许多人在不同程度上视为缺点的性格，与他的身世、经历应该有很大的关系。在这方面，也正是所谓文人在“不得志”的情形下容易出现的反应。

当代科学史学科的奠基者，美国科学史家萨顿，虽然也经历了种种挫折，但最后毕竟在哈佛大学扎下根，有了理想的工作职位，有了理想的研究环境。在有了所有那一切时，他曾说：

> 一个人有个好的位置是件幸事，但当他被一个抱负不凡的目标所激励，例如当一种宏伟的设想捉住他并占领了他的整个身心时，那就是更大得多的幸福了。此时，就不再是一个人找到了一个工作，而是一种伟大的工作找到了一个可敬的人。

由此联想到戈革先生，比如，就玻尔的研究，就对玻尔著作的翻译等，那不正是“一种宏伟的设想捉住他并占领了他的整个身心”，而成为戈革先生更大得多的幸福吗？当然，除此之外，就萨顿这整段话来说，恐怕只有此话后半段，而且是在一种更宽泛的意义上来理解“工作”一词时，才会也有某种适用。因为戈革先生在萨顿所指和萨顿所找到了的那种意义的工作位置这个问题上，是“不幸”的，但如果就物理学史这个学科，就这个学科在中国的发展来说，戈革先生却是做出了不可磨灭的贡献的。这也恰恰应了萨顿在这里最后一句中的说法：“一种伟大的工作找到了一个可敬的人”！

（完）

在幻想的故事中思考

——迈克尔·克莱顿的小说

□ 我知道,你比我更早就对迈克尔·克莱顿(Michael Crichton)的小说发生了浓厚兴趣。我是在迷上科幻电影之后,才知道好几部大名鼎鼎的科幻电影,比如《侏罗纪公园》(*Jurassic Park*)、《失落的世界》(*The Lost World*)、《刚果惊魂》(*Congo*)、《天外金球》(*Sphere*,神秘之球、深海圆疑)、《重返中世纪》(*Timeline*,时间线)等等,居然都是根据迈克尔·克莱顿的小说改编的,由此才开始对他的小说刮目相看。这期间你的推介之功也不可没。

迈克尔·克莱顿迄今已经出版了15部畅销小说,其中13部已被拍成了电影,还没拍电影的那两部，大约是最新的《猎物》(*prey*)和《喀迈拉的世界》(*Next*)——但从内容看，拍电影或许也只是时间问题。而且他本人甚至还组建了 Film Track 电影软件公司，自己拍摄影片，甚至当导演。

克莱顿本人最初在哈佛读文学系，后来转入考古人类学系，最后却在哈佛医学院拿了学位。由于他所受的科学教育中，主要偏重生物医学方面，而物理学等较“精密”的科学成分相对少些，所以写《侏罗纪公园》、《猎物》等对他来说更为驾轻就熟。但是，他也不是不敢涉及时空旅行之类的主题(比如《时间线》)。

■ 关于克莱顿，确实是很有些话可说的。我最先读的克莱顿的小说，是英文版的《侏罗纪公园》，当时中译本还没出版呢。那是大约 1994 年的事了，后来，还就此书给《东方》杂志写过一篇文章，此文又为《新华文摘》全文转载。再后来，1997 年，当他的《侏罗纪公园》的续集《失落的世界》中译本出版时，我还在《译林》上写过此书的书评。可以说，只要是他的书出版，我见到都会买上一本来读的。

你开列了克莱顿已有中文单行本的七部小说，其实还不是很齐全，例如，前两年他关于全球变暖问题的小说《恐怖状态》(载《译林》2005 年第 1 期，此书之中译尚未见到单行本)，就没有出现在你的书单中，而实际上，因其主题的内容及观点，对于此部小说，还是颇有争议的。这部小说中在依然令人惊心动魄的情节背后，明确地认为关于“温室效应”和“全球变暖”是没有可靠科学依据的。对此，在去年的一次国际科普会议上，我还曾向某位国外专家提问并探讨。再有，他的小说《升起的太阳》(对应于电影《旭日东升》)，涉及到日美高科技竞争，也没有列在你的书单中，其实那本小说也很值得关注呢。

还有一点，你把克莱顿的小说归类为科幻小说，但我却觉得，这种归类可能有些局限，我宁愿把他的小说归入商业通俗小说，当然，他的小说也有很强的科幻元素，但与通常所见的那些科幻小说相比，克莱顿的小说还是很不一样的。

□ 你说的那部电影，常见的译名是《旭日追凶》。我前不久还做过一个关于克莱顿的功课，结果非常惊人。下面是迄今为止所有与克莱顿有关的影视作品的编年一览表(总共22部，其中2部剧集，2部重拍片；我看过的有11部)：

《人间大浩劫》(*The Andromeda Strain*, 1971)，编剧

《交易》(*Dealing: Or the Berkeley-to-Boston Forty-Brick Lost-Bag Blues*, 1972)，编剧

《未来世界》(*Westworld*, 1973)，导演、编剧

《终端人》(*The Terminal Man*, 1974)，编剧

《昏迷》(*Coma*, 1978)，导演、编剧

《火车大劫案》(*The First Great Train Robbery*, 1979)，导演、编剧

《神秘美人局》(*Looker*, 1981)，导演、编剧

《电子陷阱》(*Runaway*, 1984)，导演、编剧

《旭日追凶》(*Rising Sun*, 1993)，编剧

《侏罗纪公园》(*Jurassic Park*, 1993)，编剧

《急诊室的故事》(*ER*, 1994)，编剧

《叛逆性骚扰》(*Disclosure*, 1994)，编剧

《刚果惊魂》(*Congo*, 1995)，编剧

《龙卷风》(*Twister*,1996),编剧

《失落的世界:侏罗纪公园续集》(*The Lost World: Jurassic Park*,1997),编剧

《深海圆疑》(*Sphere*,1998),编剧

《终极奇兵》(*The 13th Warrior*,1999),导演、编剧

《侏罗纪公园 3》(*Jurassic Park 3*,2001),编剧

《时间线》(*Timeline*,即《重返中世纪》,2003),编剧

《人间大浩劫》(*The Andromeda Strain*,2008),编剧

《侏罗纪公园 4》(*Jurassic Park 4*,2008),编剧

《未来世界》(*Westworld*,2009),编剧

在中国,你简直无法想象,一个获得了医学硕士学位的人,竟会在影视方面有如此建树!顺便插一句,看看这张一览表,再看看他的受教育履历,对于美国的教育和就业,我们会不会有一个新的感觉和认识?

从他执导(6 部)和编剧(22 部)的作品类型来看,他一开始就是走商业片的路子。所以你将他的小说归入"商业通俗小说"类型,应该是很准确的——他显然是将他的小说创作与影视作品密切结合在一起,让它们相得益彰,相互促进的。

■　你这一总结,我倒是想起来了,刚才我还漏了《叛逆性骚扰》这本也有中译的小说,即使在这样一部小说中,科学的要素也还是很多的。而在中国改革开放初期,他编剧或执导的电影《未来世界》、《昏迷》,也都曾产生了很大的反响,至少,我还是记忆犹新,只是到后来,才意识到那居然也与克莱顿有关。

关于克莱顿的小说,除了引人入胜的情节以及丰富的思想内涵之外,我想,从你我特别关注的视角来说,恐怕还

是和其中的科学和技术有关。总的来看，他的作品确实绝大多数都离不开科学技术的背景和内容。

如果从科幻的角度来看克莱顿的大部分小说，我觉得他有一个很典型的特点，即与科学和技术相关的情节和线索的演进，是比较严格地遵循着一种逻辑上的可能性。或者说，他是从一个在现在科学的知识背景出发，通过某种极其富于想象力然而又在逻辑上基本成立的推演，来构造其叙事的科学内容主线。这种基本上成立的逻辑推演，也许在现有的科学技术水平和手段下，还不是现实的，甚至在未来也不一定就肯定会如此，但却至少是一种逻辑上的可能性。也正因为如此，他的小说与那些从一开始就与现有科学背景相冲突的“科幻”小说有所不同。后者，也许“科”只是一种标签，一种意象，而“幻”，才是重点与核心。因而，克莱顿的作品读起来，至少在具有当代科学知识的人看起来，其逻辑可信性是要高于其他一些科幻作品的。你说是吗？

□　你这个说法我倒不是很赞同。

科幻中向来有所谓“硬科幻”与“软科幻”之分，“极硬”的那种，比如前不久刚去世的阿瑟·克拉克的《太空漫游》四部曲之类，其中想象的未来科学技术细节，以今天科学技术的基础和发展趋势来看，非常符合你所说的“至少是一种逻辑上的可能性”。而“极软”的那种，则可以基本上忽略科学技术的细节，也不必考虑你所说的“逻辑上的可能性”。举例来说，在我们讨论过的中国当代科幻作品中，王晋康的《蚁生》就非常“软”，而刘慈欣的《三体》则相当“硬”。

按照这样的标准来看，克莱顿的小说至多只能算“中等偏硬”，但每一部情形也有不同，比如在我的印象中，《猎物》中所想象的“纳米集群”这种东西，就比较硬，而《神秘之球》就比较软，《喀迈拉的世界》也不算硬。

进而言之，科幻小说在科学技术幻想方面的“硬”和“软”，并不能成为判断小说优劣的合理依据。尽管在实际上，“硬派”的信徒总是认为作品越硬越好，经常处于攻势状态：“科幻科幻，没有足够的‘科’就不够格”；而“软派”则容易处于守势——他们当然会强调小说的思想性、文学性等等，但是他们似乎也承认，如果在思想性、文学性相等的情形下，“硬”还是比“软”好。我的感觉是，“软派”比“硬派”更宽容。

依据我的上述想法，我阅读克莱顿的小说时，并未感到它们在“逻辑可信”方面比其他科幻作家的作品更高——很可能因为我心目中根本没有这样一个标杆。

■　我在这里倒不是想说科幻的软硬问题。而且，这种软硬问题我想也确实不是科幻的实质性问题。我这里说的是逻辑。对于克莱顿小说的这种逻辑，恐怕在《侏罗纪公园》里就表现得很明显，即他所设想的那种作为其故事主线基础的科学未来发展，按其设定的逻辑发展是有可能的，当然这种可能远远不是现实。例如，在那本书中，核心的关键在于如何获得古代恐龙的DNA，他设想从古代刚刚咬了恐龙又刚好被封在松脂中后来变成了琥珀里面的蚊子里提取。当然，对此在科学上是可以而且也确实存在很多争议的，但如果你接受了他的前提，后面的逻辑可能性就很清楚了。我这只是在说他的小说的一个特点而已。

在这样的特点之下，一个好处就是，这样的作品会与现实的科学及其未来的发展有更密切的关系（像《猎物》也是这样的典型），从而，会带给我们一种对于当下科学以及其未来发展的更加直接的警觉，而不只是在某种“软”的观念上的反思。其实想一想，你我都对克莱顿的作品感兴趣，除了其他一些原因之外，也许这应该是重要的潜在因素之一。更不用说在这其中，克莱顿也以公众更可接受的方式，传达了他的某种社会责任感。

也正因为这个理由，克莱顿的小说以现实科学为背景，加上某些机巧而智慧的假定，以及在此基础上的逻辑外推，使得它们更有一种“实”的感觉，所以我才更会在某种程度上忽略其“幻”，而更愿意把它们归入到有思想性的、有影响力的商业通俗小说之列，而不是科幻之列。

□　你对克莱顿小说的归类，我完全可以接受。其实这种情形在丹·布朗的小说中也同样存在。丹·布朗已经被引进国内的四部小说中，除了最有名的《达·芬奇密码》，另外三部都可以视为十足的科幻小说：即《数字城堡》、《天使与魔鬼》和《骗局》，但是人们通常仍将这三部小说归类为商业通俗小说。我之所以接受你将克莱顿小说归为“有思想性的”商业通俗小说，是因为我对于科幻小说最看重的，正是他们的思想性，而不是它们的科学性。只不过我因为更喜欢科幻作品，现在说不定已经有一点“泛科幻情结”——总想将有思想性、有幻想成分的小说或电影归类为科幻小说或科幻电影。这也许和如今“科幻”的边界正在日益模糊的趋势有关。

关于克莱顿小说中的思想性，我们不妨来谈谈具体事例。

优秀的科幻作品，可以借助精彩的故事，来帮助我们思考某些平日不去思考的问题，《神秘之球》就是如此。小说涉及了一个颇为玄远的主题——今天，我们人类，能不能“消受”某些超自然的能力？小说设想发现了一艘300年前坠落在太平洋深处的外星宇宙飞船，考察队进入之后，怪事迭出，最后发现是飞船中一个神秘的球，能够让进入球中的人获得一种超自然的能力——梦想成真！

对于这样的超能力，也许许多人会想：这有什么消受不了的？我巴不得能够如此呢！但是克莱顿用他构想的故事，让考察队幸存的队员们认识到，自己实际上无法驾驭这种超能力，人类更是没有准备好面对这类能力（或技术）。其实克莱顿在《侏罗纪公园》、《失落的世界》和《猎物》中，也表达了类似的意思。

人类既然目前还无福消受“梦想成真”之类的能力或再造恐龙之类的技术，因为我们还未准备好，那么对于其他将要出现或者已经出现的科技奇迹，我们是不是都已经准备好了呢？如果对于是否准备好这一点还没有把握，为什么还要整天急煎煎忙着追求那些奇迹呢？为什么不先停下来，思考一下呢？

■　说到《猎物》这本小说，我想到，就在最近几天，我们研究所的博士生在资格考试和开题，有研究科技伦理和生命伦理的学生就提到，在注意国际上这一领域的动态时，发现对纳米研究、生物技术、计算机信息技术和认知科学之集合的伦理研究，是一个新的热点。而在克莱顿的这部小说中，也恰恰正是将纳米技术、生物技术与信息技术这21世纪三大热门领域之结合作为其主要科学背景，并由此演绎出在特定的发展环境中(其实也是科学界的某种常态的环境中),依赖于这些前沿技术的应用,具有毁灭性的"纳米集群"被造出并放出实验室的情节。由此我们可以看出,他的小说,其实与学术界对于科学的伦理研究也有着某种同步性呢。

按照这样的套路,克莱顿最新出版的《喀迈拉的世界》一书,也被称为"生命基因伦理小说",依然是将基因工程研究中的一些伦理问题摆到突出的地位。与那些尚在幻想中的发展不同,这些基因技术的应用,因其商业利益取向和当下的国际社会体制,包括对于相关的知识产权保护的制度,已经在现实中带来了诸多的问题和争议。克莱顿的小说,依然只是通过故事情节把问题极端化,使其矛盾更加尖锐突出。例如,像此小说中,某人曾因接受癌症治疗并在不很知情的情况下,同意将其某个基因用于科研和医疗用的商业开发,结果,在开发者的实验室因事故而损失了其保存的细胞株之后,那位在自己的身体上带有自己的基因的病人以及他的孩子,竟成了他人"财产"的携带者,竟然可以"合法"地被追捕以便强行再次取得其基因。其实说起来,这种看上去极为荒谬、不可思议的"合法性",也恰恰是现有涉及基因研究的知识产权保护制度的某种合乎逻辑的推论,与前面提到的基于现有科学的逻辑发展推论很有相似之处,甚至于与现实中一些从事转基因技术商业发展的公司的做法颇有相似之处。

当然,《喀迈拉的世界》一书中关于基因技术研究带来的种种其他悖论和问题,也都有着有趣的、发人深省的涉及。在这种意义上,克莱顿这部新作,可以说在"基因伦理"问题上是一部非常入世的小说了。

□ 确实,许多优秀的科幻作家都是“紧跟”科学技术发展前沿的——即使是为了批判和反思,也需要有足够“硬”的准备,才好服人。看来,克莱顿近年对科学技术发展前沿是相当关注的,倒是他刚出道时,似乎更多地投身于商业性的编剧和导演工作中。这也可以拿他比较早期的小说《刚果惊魂》(1980)为例,虽然据此改编的同名电影相当有名,但其中的科幻色彩却是非常淡的。这或许可以在一定程度上印证上述判断。

在克莱顿比较著名的科幻小说中,《重返中世纪》是一部相对特殊的作品。根据这部小说改编的同名电影也非常有名。如果说,在上面我们提到的那些小说中,基本上都有对科学技术及其滥用的反思的话,那么在小说《重返中世纪》中,更多地是讨论人性——特别是对“幸福”的理解。

时空转换是科幻中最经典的“硬”主题之一,其中必然涉及虫洞、量子力学、多重宇宙等等比较玄的物理学理论。《重返中世纪》中当然涉及了这些理论,但是这些理论与基因工程之类相比,基本上没有什么伦理问题,所以提供不了太多的反思余地。很自然地,克莱顿将思想性转而表现在探讨如何才算“选择了充实的人生”。

一位历史学教授因为虫洞的意外而回到了中世纪,几个学生于是也被送回中世纪去救他们的教授,他们卷入了英法“百年战争”,几经周折总算完成任务可以回去了,但此时有一位学生竟拒绝返回,他选择了留下来生活在公元14世纪的世界——因为他爱上了一位仪态万方的贵妇人,决定与她共度人生。这个故事让我感动了很久,后来抑制不住冲动就写了一篇题为“在虫洞中回到中世纪——影片

《时间线》中的爱情故事和物理学”的影评。

■ 也许我们在这里是无法对克莱顿的每篇小说每部电影一一评说，但从前面谈到的几部作品，我们还是可以感觉到他的思想性之深刻，这种深刻，正像你所讲的，是源于对科学技术发展前沿的关注，但更是源于一种批判性的反思。

我们这里还没有更多地提及他的作品的可读性。一部小说能否成功，可读性是不可忽视的重要因素，对于一般读者，甚至远远重要于思想性，但可读性与思想性的结合，就是更完美的境界了。因此，每一次读克莱顿的新书，在引起更多的对科学技术反思的同时，也是一种文学阅读的极大享受。也正是由于这样的原因，他的作品才能够有如此巨大的影响。

但在分析这种影响时，我们还可以注意到，与他在西方国家的成功相比，他的作品在中国的传播似乎平平，这可能就与我们的读者的背景有关系了。

在美国，像克莱顿的作品的广泛影响，自然会对于公众对科学的认识产生积极影响，由此我们也不难理解，为什么在那里，公众层面（当然也仍然只是一部分公众）对于科学的看法在相当程度上与我们这里的情形有所不同了。

问题是，我们这里会产生像克莱顿这样的作家吗？什么时候才有可能产生？从目前的情况来看，那些最为走红的畅销书作家，似乎还很少有像克莱顿这样关注科学主题的。虽然一些科幻作家的创作近年来在思想性方面已经显示出了不错的发展势头，但要把对于科学之思考的思想性与更为理想的文学上的可读性相结合，那才可能在像商业畅销小说这样的领域中占据一席之地，才可能将相关的思考更好地传播。就此而言，我们可能仍然有很长的路要走。

幸好，现在我们还有克莱顿的小说可读。

《刚果惊魂》，〔美〕迈克尔·克莱顿著，郭鸿等译，译林出版社，2005

《神秘之球》，〔美〕迈克尔·克莱顿著，庆云等译，译林出版社，2005

《侏罗纪公园》，〔美〕迈克尔·克莱顿著，钟仁译，译林出版社，2005

《失落的世界》，〔美〕迈克尔·克莱顿著，祁阿红等译，译林出版社，2005

《重返中世纪》，〔美〕迈克尔·克莱顿著，祁阿红等译，译林出版社，2000

《猎物》，〔美〕迈克尔·克莱顿著，严忠志等译，译林出版社，2005

《喀迈拉的世界》，〔美〕迈克尔·克莱顿著，刘荣跃译，译文出版公司、时代文艺出版社，2008

净土背后:大学校园中的那些事儿

——谈《文学部唯野教授》兼及几部中国同类小说

□　我最初知道筒井康隆的名字，是因为根据他小说改编的同名电影《日本以外全部沉没》(2006)。他是日本著名的科幻小说作家，年轻时还有过当电影演员的梦想，不幸因为身高的原因未能如愿。这件使他耿耿于怀的事情后来总算有了补偿——在电影《日本以外全部沉没》中，他作为"特别出演"，小小过了一把演员瘾。

这次你向我推荐小说《文学部唯野教授》，我发现作者竟是筒井康隆！这既让我非常意外，也让我非常兴奋，立刻就捧读起来。

才读了十几页时，我就对中译文留下了极为深刻的印象。我以前读过不少日本的小说和其他书籍，也经常看日本电影，而且因为自己也学过一点日语，所以对于日语中译文本所特有的那种“日本味”已经相当熟悉，以至于一拿到日语的翻译作品，就会预期将见到那些熟悉的语句和表达法。然而奇怪的是，《文学部唯野教授》的译者何晓毅的译文，却是完全中国化的，这在日语翻译作品中显得相当独特。

小说情节发展极为紧凑，场景快速转换，语言也极为流畅，所以不会让读者产生任何疲倦之感。当然，对于你我这样栖身于大学中的人来说，更容易被吸引的是小说对日本大学校园中权力、政治、性等等问题的描绘和思考。作者那种适度的幽默和讽刺口吻，对于小说的题材来说则更具锦上添花之效。

记得当年你曾向我推荐戴维·洛奇的小说《小世界》，我读后非常喜欢；这次你又向我保证说，我一定会喜欢《文学部唯野教授》。确实，我读后又非常喜欢。所以很想先听听你对这部小说的感觉和想法。

■ 其实，我是非常偶然地在书店发现这本书的，因为看到其中是写大学的事，所以才会买下，买下后，也一直放着，直到前几个月有机会去日本，想拿几本书在路上读，才捡起了这本日本人写的小说。不料，一读过后，却大大地出乎我的预想，当时就想到了我们可以就此谈谈，尤其是，结合着大学的问题来谈。此书，颇有些揭黑幕的味道。虽然像《小世界》那样的小说也是在说学界，但这本书却是直接在讲大学里各种外人难以想象的故事，而且揭露得毫不留情。在日本时，我曾与几位日本的教授谈起此书，他们都读过(由此看来译者说此书在日本，特别是日本大学中流行是属实的)，而且有一位教授还专门说：其实书中的一些情形在日本的大学中确实是存在的。

不过，在进一步谈此书之前，我还想提一下，我国这些年来，也曾出版过一些涉及大学内幕的小说。比如最新的有阎连科的《风雅颂》（江苏人民出版社），更早些的，还有李劼的《丽娃河》（内蒙古人民出版社），以及史生荣的《所谓教授》（春风文艺出版社）等等。《风雅颂》一书我也刚看完，说实在的，真有些不敢恭维。至少，在现实主义的意义上，只能说是触及到了大学的一点点皮毛而已。《丽娃河》一书是几年前在一位友人的推荐下读的，那本书直接以华东师范大学为原型，也比较充分地揭露了大学中一些丑恶的现象，但却似乎流于表面化，也有人觉得写得有些让人太恶心（虽然我并不这样觉得，但《风雅颂》一书倒让我有些恶心之感）。四年前出版的《所谓教授》一书，似乎也是作为畅销书来做的，书中也写了不少大学科研人员之间的权力之争，写了体制的问题，似乎也还好读，但时间一长，印象也就变得很淡了。当然，这些写中国大学内部事务的小说，其积极意义仍然是不可低估的。

与前述几本中国人写大学的小说相比，这本《文学部唯野教授》显然要高出一个层次，让大学圈内的人，也会有所认可，甚至不仅仅是我曾遇到过的几位日本教授，就是像我们这样在中国大学中做教授的人，我想，也会在其中看出不少熟悉的东西，你说是不是？

□ 《文学部唯野教授》中的有些情节，以及某些人物的言行（比如“学部长”河北教授），似乎相当夸张，有点漫画色彩。我没有在日本大学呆过，无法判断筒井康隆的这些描写有多大程度的真实性。

当然，作为小说，搞一点艺术夸张是没有问题的。

我一向相信，小说可以为我们提供“虚构的真实”——虽然具体情节是虚构的，但小说所构建的场景、氛围、人物心理、运作机制等等，却可以高度反映出实际情况。而与此相对应的，某些非小说文本则以“学术严谨”为包装，向读者提供“真实的谎言”——具体细节可以是真实的，但是通过忽略某些事实、强调某些事实、构建某些因果关系等等手法，给读者造成虚假的印象，并推出错误的结论。

从这样的角度来看《文学部唯野教授》，则其中即使有某些夸张之处，仍有可能为我们提供“虚构的真实”。

这里我们可以来比较一下《文学部唯野教授》和你上面提到的几部中国小说。《风雅颂》我也看了一点，给我的感觉是作者似乎并不真正了解大学校园中的权力政治及其运作机制。这与前些年一部你上面未提到的同类小说《千条线，一根针》有相似之处。当时我读了那部小说，一个重要的感想就是：如果没有在大学中作为教师生存过足够长的时间，并上升到足够高的位置，要想描写大学校园中的权力政治及其运作机制，终归会隔着一层。

回过头来看《文学部唯野教授》，其中确实有许多中国大学校园中也经常见到的场景，有许多中国大学教师中常见到的言谈举止和一颦一笑。但是我也发现了一个与我们这里大不相同的地方。

■　在文学批评领域，有一种理论认为，有时小说可能比历史更为“真实”。我想，在某种意义上，也许就像有时漫画反而比写实主义的画作更能突出反映出人物的一些特征一样吧。而《文学部唯野教授》这本小说，也正有着类似的特点。

在此书中，许许多多的情节，揭示出在一个比较发达成熟的大学体制中，森严以至于到有些荒谬程度的等级制度，学术考核中自以为是而且极端到非常不合理的种种规则，教师为职称提升而全无尊严甚至现金行贿，高级教授以学术权威自居却实则不学无术，大学中封闭的学术圈子拒斥面向狭窄的专业同行之外更广泛的社会传播，写有社会影响的普及性文章却要躲躲闪闪隐名埋姓，同事间相互猜疑、相互贬低，为多挣课时费而到处拉关系走后门，讲课受学生欢迎的教授反而要屈从于讲课无人爱听的上司，貌似高雅的教授却斤斤计较蝇头小利……如此等等，作者笔下描述的大学中万花筒般的世象，确实与我们身处其中的大学有着那么多的相似之处，因而，阅读此书引起某种会意和共鸣就是很自然的事了。

在列举这些相似之处的同时，你倒是引起了我的一点好奇心：你所说的，在小说中有一个与我们这里大不相同的地方到底是什么呢？

□　其实这一点，在你上面列举的小说场景中已经被提到了，即在《文学部唯野教授》描绘的日本大学价值体系中，只有学术文本——哪怕是八股陈言根本没人看——是被承认的，而写了具有社会影响的大众文本或小说之类，是明显要得负分的，甚至会产生严重后果，所以教师们发表这些文本时要躲躲闪闪甚至隐姓埋名。这种情形和目前国内高校的情形相比是明显有差异的。

目前国内高校的“量化考核”体制，我们经常抨击批评，但我们的批评主要是针对使用“量化考核”来管理学术；至于“量化考核”体系本身的设计，并未成为我们关心的对象。在国内现行的“量化考核”体系设计中，倒是给了具有社会影响的大众文本以一席之地（例如《新华文摘》也被列入 CSSCI 期刊之类），所以我们的高校教师至少用不着为发表大众文本而躲躲闪闪甚至隐姓埋名。

不过这倒使我想起了昔日中国科学院系统价值体系中的不成文约定：一个科学家写了大众文本是要得负分的。某种漫画式的场景是这样的：

假如有两位资历、能力都不相上下的研究员，甲先生和乙先生。甲先生只写纯粹的学术文本，一年发表了 3 篇高水平学术论文；而乙先生这一年中也发表了同样档次的 3 篇学术论文，另外他又发表了 5 篇大众文本。那么现在他们两人会得到怎样的评价呢？甲先生会得到完全正面的评价：学问不错，论文水平很高。乙先生得到的却是明显偏负的评价：学问还是不错的，但他写的大部分东西都是普及文章！是啊，甲先生写的是百分之百的学术文章，而乙先生的学术文章只有 37.5%（8 篇中的 3 篇）！尽管两人的学术文章绝对数量相同，水平也不相上下，但是写了大众文本的乙先生是多么倒霉啊。

我上面这一段，也是“虚构的真实”，我觉得和《文学部唯野教授》中的日本大学非常相似——当然，如今中国科学院也早已反复“改革”很久了，现在还是不是这样就很难说了，想来应该还有些余波吧。另外，《文学部唯野教授》是 1990 年出版的，距今也已经 18 年了，日本大学中的情况也可能有所变化。

■　可能正是因为对此的不同理解，导致我没想到你所说的与中国不同之处是这一点。相反，我倒是觉得，在这一点上，日本与中国也还是很有相同之处。你前面举的例子，用的是中国科学院，如果就高校来说，我觉得，在总体评价倾向上，特别是在正规的考绩标准背后的潜规则上，中国也大致是如此的。撰写面向更大范围的、跨专业的以及面向公众的非学术和准学术文本，在高校中并不受到鼓励。尽管这并非有明文规定（其实在《文学部唯野教授》所描述的日本大学中也同样没有明文条款这样规定），而只是一种潜规则，但潜规则的力量却是很强大的，有时甚至可以超过那些成文的规则。

高校中不鼓励撰写发表面向更广泛读者的普及性的准学术和非学术性文章，背后当然是目前在高校中过分强调具有学术文本形式而且可以在量化考核中化为分数的学术论文的发表。如果你把一部分时间用于在此之外的写作，当然属于一种不务正业，是不会得到赏识的；另一方面，在大学的学术圈里，其实也正像你所说的中国科学院一样，发表普及性文章也会让人瞧不起，认为你水平不高，进而影响到对你的学术水平的评价。不过，日本如此，中国如此，在西方也未必没有类似的情形，像美国著名科普作家萨根就是一个例子。

从《文学部唯野教授》来看，还有一层可以分析的是，害怕因发表普及性文章而影响其升迁的，主要还是那些需要进一步晋升的教师，如果像“学部长”河北教授那样，已经升到了阶梯的顶端的“名教授”，当然可以不用害怕这些。但问题也恰恰在于，长期以来因为只追求所谓“学术文本”磨炼，在升到顶端时，是否还有写作普及性文本的能力，就已经很让人怀疑了，这还不算追求形式上的“学术文本”，其实也并不就代表着有“学术”或“学术品味”，在《文学部唯野教授》中的情节，也是充分地说明了这一点的。

□　小说《文学部唯野教授》中另一个给我印象深刻的地方，是对大学教师之间权力结构的描绘。

虽然中国的大学里也有类似的权力结构，但是至少表现得比较温和。中国大学的教师之间，即使是院长、系主任和一般教师之间，或是资深教授和青年讲师之间，一般相处的时候还是相当平等的，这也许和中国数十年的社会观念有关。当然你可以说，这种平等只是表面上的，真正到了资源分配、职称晋升等等“实质”问题上，权力等级制度就要起作用了。事实也确实如此。

但是在小说《文学部唯野教授》中所呈现出来的这种权力等级制度，却是赤裸裸的，连那种表面上的平等也没有。比如“学部长”要一群教师陪他出去喝酒时，他可以在路上随手拿了水果店摊上的水果就吃，身后的青年讲师、副教授之类的就赶紧去替他付钱。又如当教授、副教授们喝得酩酊大醉东倒西歪时，青年教师就得为他们服务——“助教来的多就是为了这时能分头用出租车把这些醉汉送回家”。

筒井康隆在这方面的描写，我推测是相当真实的。例如我们可以从国际会议上日本学者之间的相处情形得到旁证：在国际会议上，同来的日本学者，通常总是副教授更多地为教授服务，比如在教授演讲时帮他操作幻灯、为他拍照留念等等，即使这两人来自两个不同的大学，相互之间并无上下级的关系，也仍然如此。

当然这可以从学术圈子的角度来理解，虽然不在同一个大学，却因为专业的关系仍在同一个圈子，遇到职称晋升、项目评审、论文审稿、成果评奖等等事情时，圈子里的教授们仍然会对副教授拥有大小不等的权力。这方面的情形在中日两国的大学中也是完全类似的。

■ 你说的这点我同意，即在这本小说里所表现的日本的教授、副教授、讲师之间那种森严得让我们几乎无法接受的等级关系。恐怕，这一方面也有某种夸张（就像你说的，小说总会有些夸张），另一方面，也还是有些日本的特色。而在我们这里，至少，这样的权力关系表面上没有那么可怕，但也无法否认它以不同的方式存在和表现着。

说到这里，我还想再谈一点，即此书其实还有另外一个特色，即在结构和写作上的特色。作者写的是文学部（相当于我们大学的中文系）的事，主人公的专业都与文学有关，而此书的各章节，就分别以不同的文学批评流派来命名，如印象批评、俄罗斯形式主义，或后结构主义等。在每章前半部分叙述引人入胜的故事情节之后，每章都是以唯野教授就某一文学批评流派的讲座内容来结尾。这既是一种有设计的结构，又可以让读者（如果读者真的肯读的话——至少我是读了）在欣赏了有趣的情节之后，把节奏缓下来，听一段文学理论讲座，九讲下来，也就对于文学批评的理论的历史和现状有一个大概的了解了。

从作者的这种写作方式，我联系到了我们曾经谈过的另一位小说家戴维·洛奇。我觉得这两个人在叙述上形式差异的背后，倒有着某种深层的相似，因为就我的理解，在《小世界》中，戴维·洛奇恰恰是反过来，用他叙述的情节来演绎后现代文学批评理论。

□ 我读《文学部唯野教授》时也很快联想到了《小世

界》。你所注意到的，戴维·洛奇用他叙述的情节来演绎后现代文学批评理论，而筒井康隆用文学批评理论来建构——至少是装饰——小说的情节，这种对应可以视为一种“镜像”，或许是筒井康隆有意为之？在后现代文艺手法中，拼贴本来就是重要的一款，《小世界》中就使用了拼贴之法；而拼贴活动中，镜像又是最常见的手法之一。我们回忆一下埃舍尔（M. C. Escher）那些独具风格的绘画，其中大量使用镜像手法，与上述两部小说之间的镜像，倒也堪称异曲同工——我恐怕扯得有点远了。

小说中还有一些细节也相当有趣。比如女学生中的尤物夏本奈美子，主动接近唯野，甚至将唯野作为男友请到家中做客，唯野受宠若惊，有一番夸张的心理自白：“啊呀啊呀，怎么搞的呀！夏本奈美子那样的绝世美女……那么可爱的黄花闺女跟我这矮子？”小说并未交代唯野的身高，所以“我这矮子”似乎只是随口一说，但是如果联系到筒井康隆本人的经历，他大学毕业后参加电影演员选拔，因为身高太矮而落选，就不难发现他下意识里一直对此事耿耿于怀了。

不过小说中无处不在的夸张手法，我觉得有时候好像有点过分。比如小说中重要的讽刺对象之一“学部长”河北教授，被写成粗俗不堪，极端不学无术。但是按照小说中描绘的日本大学权力等级结构，河北如果真的如此粗俗不堪不学无术，他当年怎么可能从助教一步步爬上来？即使一贯拍马逢迎，也总要稍微有一点东西吧？这些地方，会不会和筒井康隆是写科幻小说出身有点关系？

■　你提的最后一个问题，我恐怕就给不出什么确切的答案了，因为毕竟对日本的大学了解不够。虽然去过两次日本，也是在大学中访问，但因为不懂日语（在日本有一个特殊的情况，就是在大学里，如果你作为一个中国人，不讲日语，只讲英语，反而更受尊敬），只能看到一些表面上的东西。实际情形究竟如何，我想还是可以请教那些更了解大学的人士吧。

不过这倒不是最关键的地方。就像你所说的漫画风格，夸张一些也无所谓。重要的是，此书勾勒出了一幅日本大学的人生世相（就我的感觉，那些与我谈及此书的日本教授倒似乎并未表现出对此书的反感），而在我们这边，在阅读时，同样是可以作为镜像来思考中国大学的问题。甚至于，我们可以从中反思大学这种东西在世界范围内，发展到现阶段，在那些好的方面之外，更还有什么问题和不完美之处。毕竟大学教授也是人，毕竟大学也在社会中存在，毕竟大学自身也是一个小社会，因而它的不完美，也可以说是人与社会的一种不完美。而在这样想时，《文学部唯野教授》中那些夸张的地方，就反而更加突出了需要反思的焦点问题。

在文学的享受之余，又能让人思考大学文化，而且不感陌生，这就该算是一本很出色、很值得一读的小说了吧。

《文学部唯野教授》，〔日〕筒井康隆著，何晓毅译，人民文学出版社，2007

《风雅颂》，阎连科著，江苏人民出版社，2008

看西方“民科”怎样做学问

——罗伯特·坦普尔的几种著作

□ “民科”这个词，如今已经渐渐被大家接受了，用来指称那些对科学（以及他们心目中认为属于科学的学问）有兴趣，却又不愿意遵照当下主流科学共同体所奉行的规范来进行研究的人士。通常我们说“民科”时都是指国内的人士，其实“民科”在国外也同样有之，而且其“兴旺”甚至远过于中国，只是我们接触的机会不多而已。

要说将自己的学说发表、出版的“门槛”，对于国外“民科”来说，有可能比我们国内“民科”所面临的要低。不过，也正是由于国内在这方面的“门槛”，使得国外“民科”学说能被介绍进国内的机会很小。在西方“民科”当中，英国人罗伯特·

坦普尔(Robert Temple)是相当幸运的一个，因为他已经获得了进入中国的“许可证”。

对于坦普尔这个名字，记性好的中国读者应该不陌生了。十多年前，他有一本《中国：发明与发现的国度——中国科学技术史精华》被译成中文出版，那本小书尽管被李约瑟赞许为是对“《中国科学技术史》进行了精彩的提炼”，也被一些国内人士推荐为青少年读物，而且是由中国科学院组织了34位学者译出的，但实际上书中颇多穿凿附会之处。

从那本书中我们已经可以隐约看到坦普尔写作风格的端倪——这种风格到了他第二本被译成中文出版的书《水晶太阳之谜》中，就被进一步发扬光大了。这种风格可以称之为“渊博而多情的夸张”。在《水晶太阳之谜》中，我已经明显感觉到“民科”的味道(书的副标题“现代人失落的宇宙奥义”也加强了这种感觉)，不过即便如此，我认为此书还是堪称“民科”中的上乘之作。现在坦普尔又有了第三本被译成中文出版的书——《神谕——东西方〈易〉卜术揭秘》。在这本书中，他沿着先前的轨道，向神秘主义方向走得更远了，“民科”风采也更加发扬光大。

不过坦普尔对中国和中国文化极度推崇和热爱，这或许是他的“民科”著作能够得到中国出版界接纳的原因。在《神谕——东西方〈易〉卜术揭秘》中文版序中，我们可以看到许多热情洋溢的句子，例如：“中国古代的原始科学思想，它在理性上是如此超前，着实令人惊叹”、“中国文化必将战胜西方文化”、“中国好运！”等等。

■ 是啊，你这个开场白，就已经将坦普尔明确地定位了，即西方民科。其实，过去我们俩人在“南腔北调”的对谈栏目中，就已经谈过了他的《水晶太阳之谜》一书。在那次对谈中，你曾结合《水晶太阳之谜》一书，总结了“民科”的若干代表性特点，这里不妨再回顾一下那时你的总结。

你那时提到的特点有：“喜欢异调独弹，发表主流学术共同体不愿接受的学说——这些学说通常在主流学术共同体所愿意研讨的领域之外。”“在叙述自己的发现时，不愿意循序渐进，先叙述证据和理由，而是先要将自己的惊世之说宣示出来，并在假定了这种惊世之说为真的前提下，来叙述自己的理由。”“列举大量‘证据’，但是将这些‘证据’和自己要证明的论点联系起来时，则经常借助于假想、推测、联想、类比等等手法。”而我，则补充了一点，即“民科”的自我表扬，或者说，是在身份上和贡献级别上的自我拔高。这次，他仍旧在身份介绍中提到他是清华大学科学技术与社会研究中心的兼职教授，而这正是我现在供职的单位，因而我知道，他早已不再拥有这个头衔了。

在读坦普尔这本《神谕》时，我觉得，一方面，我们以前总结的那些“民科”的特点，仍然在此书中鲜明地表现了出来，另一方面，又觉得这本书与他另外两本已有中译本的著作还存在着一些不同之处。不知你是否感觉到了这点。

那么，也许我们可以先从《神谕》这本书谈起，讨论一下此书的特点，这同样也还是在对国外民科进行分析的话题范围之内。

我甚至完全可以理解，与他另外两本有中译本的书相比，这本书在国内图书市场销售的意义上，可能会更有些吸引力，这是由于其话题所决定的。此书分为上、下两部分。我们先看其讨论“西方文化”（主要是谈神谕宣示所、西方的某些占卜等内容）的第一部分。在这方面，我的知识非常有限，你曾研究过一些相近的问题，你觉得，他说的那些中国人一般不太熟悉的内容是可信的吗？

□　老实说，这坦普尔在《神谕——东西方〈易〉卜术揭秘》的第一部分中，“民科”的味道真是越来越重了。他关于西方那些“神谕”和“内脏占卜”的论述，仅仅停留在对昔日神谕场所遗迹的大量描写（几乎都与本书主题无关）和对有关内脏占卜的历史故事的介绍上。他除了强调古代西方人重视这些神谕和占卜，并未向读者说明这些神谕和占卜到底能不能预知未来——这种说明难道不是本书读者所合理期望的吗？

关于这些内容是否可信，要分两个层次来说。就坦普尔所描述的那些情形和故事——表明了古代西方人如何相信这些神谕和占卜——来说，那应该是可信的。但是就这些神谕和占卜所许诺的成效——预知未来——来说，当然是不可信的。关于后面这个问题，我的立场还是比较保守，我一贯倾向于用社会学的方式来解释。

举例来说，书中谈到亚历山大大帝临终前的一些日子，关于他的命运的内脏占卜，发现肝脏缺了一叶，这被认为是大凶之兆，不久他果然病死了。然而这并不能证明动物肝脏真的能够预示亚历山大大帝的健康和命运，而是这种预言极大地损害了亚历山大大帝心理健康的后果，因为亚历山大大帝自己就十分相信这类占卜，听说用于占卜的动物肝脏缺了一叶，他自己就十分惊恐，这不就吓出病来了吗？

古代流传的关于占卜之术“应验”的种种故事，绝大部分都可以用类似的理论给出解释。对这一点，我以前在拙著《世界历史上的星占学》一书中，曾经分析过若干中外历史上的著名个案。虽然坦普尔宣称，在古代世界的占卜术中，星占学的重要性远不如神谕和动物内脏占卜，但这只是他的一家之言。中国古代的情形，根本没有动物内脏占卜之术，神谕则经常是借助星占学的形式来表现的——神就是上天，它用不同的天象表示它的意见，星占学家解读这些天象的意义和天象所兆示的未来事件，其实就是宣示神谕。

■　我非常同意你的看法，也即在这一部分的写作中，坦普尔所体现出来的“民科”风格。他总是在讲一些似是而非的“故事”，而不是就这些所讨论的问题，进行那种符合历史研究规范的学理式的考证与分析。当然，这里面是有一定信息含量的，比如，在此之前，我确实不知道古代西方“内脏占卜”的事。但如果我以学术的标准来看坦普尔所叙述的这些故事时，我仍然不敢确切地相信他所讲的内容的可靠性。从他的讲述来看，似乎“内脏占卜”在古代西方占据了特殊重要的地位，而他却几乎没有提到像星占学之类的“倾听”神谕的方法在预测和决策中的作用。

说到占卜（无论是“内脏占卜”，还是星占，或其他什么方法）的预测功能，当然，站在现代立场上，我们很难找出其“科学”道理。不过，从哲学的意义上讲，我们也同样给不出确切的否定性的证明。那么，我们一方面，恐怕只好将其作为一种故事来听，另一方面，如果这些叙述确是史实的话，给出像社会学的、心理学的解释，也是可以作为一种学术研究的方式。但这些，似乎也是在坦普尔的视野之外。

我另外有点想不明白的是坦普尔在这第一部分到底想要向读者讲什么。他说的“内脏占卜”，和他花了大量笔墨来描述的“神谕宣示所”，似乎是两件彼此相对独立的事。而他在解释“神谕宣示所”内种种可能或者曾经发生的活动时，有时又是在采用一种现代科学的理解方式，用致幻等来解释其不同寻常的“奇迹”。似乎，他一直是在某种现代的理解和解释，与有意无意留下的神秘伏笔之间游移不定。于是，读者也就搞不清他的立场到底是什么了。

□ 我很怀疑，坦普尔自己的立场很可能本来就是游移不定的。作为一个对神秘主义兴趣浓厚的人，他不可能完全接受现代“唯物”的科学解释或社会学解释；但作为一个“民科”，他又经常试图让自己——至少在形式上——尽量符合科学的规范或风格。对于本书的主题来说，这一点必然造成明显的矛盾。

有必要指出，坦普尔的上述困境，在他的前面一本书《水晶太阳之谜——现代人失落的宇宙奥义》中，相对要轻得多。那本书的主题，是要证明望远镜早在古希腊时代就已经有了。虽然坦普尔在书中的论证风格也是非常“民科”的，但由于那本书的主题本身并不是神秘主义的，所以坦普尔上述“游移不定”的困境，相对来说就不那么严重了。

如前所述，中国“民科”要出版自己的著作相对来说要更困难，但毕竟也有一些人采用自费出版等办法，将自己的成果印成了书。况且从极端的“民科”到严谨的学术著作之间，有宽阔的中间地带，这中间地带中的著作，也呈现类似“连续谱”的状态——也就是说，有一些颇有“民科”风格的著作，偶尔也会获得正常出版的机会。也许是因为科学史学科的边缘性和交叉性，多年来我还是有机会见到过一些国内“民科”的著作。这些著作给我的一个印象是，你前面所注意到的坦普尔的上述“游移不定”，在“民科”论著中其实是相当普遍存在的现象。

■ 你说的挺有道理。这似乎也就是说，在民科中，包括在坦普尔的著作中，“游移不定”似乎是一个共性的特点。而就此是否可以进一步推论说，其实他们对自己究竟要阐明什么并没有形成一种明确、逻辑一致的意识？另外，我前面所说的“游移不定”，还更是特指坦普尔在这本关于神谕的著作中的一个具体表现，即对那些传说中的神秘现象，他有时专门特意地给出了基于现代科学的某些“解释”，如利用药物致幻、心理暗示（几近乎催眠）等方面，让那些付了钱前去“会见”死去人物的人“看到”想看的人物。但这种“科学”的解释又没有能够贯彻到底，还会经常留下一些仍然神秘的悬念。这倒让我想起，这样的处理方式倒颇有些像国内近来非常火爆的盗墓小说《鬼吹灯》来。但作为小说，更不用说是惊悚类的小说，那样处理其中涉及的神秘传说的问题，虽然也还可以争议，毕竟读者可以当做虚构的想象而不太当真，而在像《神谕》这种以学术形式出现的“研究”中，这样的不一致性恐怕就成为一种致命的学术上的硬伤了。

也许，我们还可以再进一步推测，即坦普尔在给出那些"科学"的解释时，实际上是其不自觉地表现了其所受的科学主义之影响的一种表现（其实在像《中国：发明与发现的国度》一书中对中国古代科技领先之叙述也同样甚至更鲜明地体现了这样的思想观念）。而作为民科，他又没有能在处理神秘主义的题材时把这种科学主义贯穿到底，于是，就形成了这种有些冲突矛盾的不确定的叙事立场和叙事方式。

□　如果说本书第一部分"西方文化传统"中，"民科"色彩已经如此浓烈的话，那么第二部分"中国文化传统"就更玄了。从书名上来看，在这一部分中，坦普尔总该踏踏实实地讨论《易经》了吧？然而他不。

讨论《易经》的著作已经汗牛充栋，老实说要想在这上面谈出一点新意来——哪怕只是纯粹"民科"的档次——也已经大为不易。坦普尔先花费了许多篇幅进行《易经》常识的普及说明。考虑到本书是写给西方读者看的，这些普及说明倒也可以说有一定的必要。但是接下来，我总觉得他应该向读者论证：一、《易经》到底有没有预测未来的功能？二、如果有的话，又是依据怎样的机制？

对于一，坦普尔的结论似乎是斩钉截铁的："《易经》试图把问卜命运的方法归结为一个体系，而且在其断言及兑现等方面的显著成功都做到了名副其实。"即他认为《易经》确实具有预测未来的功能。然而做了这个断言之后，坦普尔却并未向读者提供这方面的证据来支持这个断言。

至于二，坦普尔花费了全书第二部分中的一大半篇幅来谈论“神谕的六边形网格”和“高序事件”。恕我直言，我觉得“神谕的六边形网格”这一章真是言不及义——完全没有能够对他的“《易经》具有预测功能”的断言提供任何证据。而“高序事件”那一章则是不知所云，除了同样未能为他的上述断言提供证据，连他到底想表达什么，我也不太明白了。所以总体而言，我觉得坦普尔的“民科”特征实在是越来越强烈了。

如果用学术标准来评判的话，我认为他的《水晶太阳之谜——现代人失落的宇宙奥义》不失为“民科”中的上乘之作——毕竟仍然具有一定的实证色彩，收集的许多资料也不无学术参考价值。本书中的第一部分“西方文化传统”就比较差了，而第二部分“中国文化传统”就更糟糕了。

■ 其实，我正想要问你对坦普尔此书中涉及中国《易经》的第二部分的看法呢！你已经讲了不少了。总体上讲，我想你的观点是，这本《神谕》不如《水晶太阳之谜》，而且，其中关于中国的部分更为糟糕。大致我也是这样感觉的。

但这就带出另一个问题。即我们以前在谈他的《水晶太阳之谜》一书时，曾在承认他的“民科”风格的同时，仍然给予了某种肯定，认为至少是“民科”中的上乘之作，但为什么到了这本书，他的水准就严重下滑，以至于连叙述的逻辑都不连贯，连叙述的目标都不明确了呢？这与“民科”的研究方式是否有某种联系呢？

连带地，我还想与你讨论另一个问题。在近些年来的图书市场中，涉及到像《易经》与预测之类的书一直很火爆，连不少书商都热衷于出此类书。其中大量当然是中国人而非外国人所写的，但在这些书中，又有许多显然不是学者的作者们以标准的学术方式而写的（某些学者们写的与此相关的学术研究著作也有一定程度的畅销，其实只是因为在概念上搭了顺风车而已），那些著作，你是否也愿意将其归入“民科”研究呢？或者，还需要在“民科”类图书之外还要再加一个另外的分类才能更好地描述其特点？

□　在“民科”类图书之外还要再加一个另外的分类，我觉得倒是没有必要。

国内出版的关于《易经》的书，数量惊人。其中有许多是坚信《易经》确实可以预测未来的，由此还出现什么用《易经》指导炒股的等等，这一类基本上可以归入“民科”。还有许多将《易经》进一步拔高，认为其中隐藏着宇宙之间的绝大奥秘之类，那就更“民科”了。在我的印象中，近年真正按照现今学术共同体所认可的规范来写作的关于《易经》的书，那真是凤毛麟角，非常罕见的。

由于“民科”的研究和写作方式无法得到现今学术共同体的认可。所以用现今学术共同体的标准来看，在严肃学术著作和极端“民科”这两端的广阔中间状态中，那些对“民科”色彩消灭得越多的著作，就相对越好。我认为坦普尔的这两部著作后不如前，其实也是使用这一标准得来的，想来你多半也是如此认为。

至于坦普尔呈现“退步”的原因，我们只能猜测。但是我觉得更重要的一点是，如果坦普尔抱持着“将民科进行到底”的宗旨，那么他将坚信《神谕——东西方〈易〉卜术揭秘》比起《水晶太阳之谜——现代人失落的宇宙奥义》来，不是退步而是进步，因为在我上面所说的广阔中间状态中，《神谕——东西方〈易〉卜术揭秘》显然向极端“民科”更靠近了。说句开玩笑的话，既然一个严肃的学者随着学术研究的资历逐年增长，他的学术功力通常也会随之增长，那么坦普尔作为一个上进不息的“民科”，随着他“民科”资历的增长，其“民科”色彩当然也就会随之增长，这就能够为他这两本书之后不如前提供一个解释了：归根结底，是因为他和我们的标准不同。

■ 看来，你是用“民科”的不同程度来做划分，当然，那也可以解释当下国内在《易经》热衷大量的非学术性著作的出现。由此，用你的话来说，既然近年来真正按照现今学术共同体所认可的规范来写作的关于《易经》的书是凤毛麟角，那么，一个推论似乎就是，在《易经》研究领域中，其中还有不少仍然身在学术界的人，其研究和写作方式仍然是“民科”的了。

不过，在这里我们又遇到了一个与其他“民科”有些不同的情况，即在那些以“民科”方式讨论主流科学问题（比如要以某种学术界无法认可的方式推翻相对论，甚至批判牛顿力学等），其著作在社会上是不怎么有市场的。好在现在出版要开放一些，在有经济实力的情况下，这些著作也还是出版了一些。但那些讨论《易经》之类的著作就不同了，那些书还是有相当的市场空间的。或许，这又可以解释为，关心这类问题的“民科”的群体在人数上要更多一些吧。

在我们以往的相关文章和谈话中，我们已经走到对“民科”不那么苛刻的位置了，是将其作为广义的“多元文化”中的一类，甚至认为可以将“民科”看做是一种生活方式。然而，在我们自己进行研究或培养学生时，我想，还是有必要对"民科"有所识别的。这也就是说，多元，并不意味着一塌糊涂，并不意味着没有标准。只有当认清了多元中不同的标准时，我们才能知道身在何处。

《神谕——东西方〈易〉卜术揭秘》，〔英〕罗伯特·坦普尔著，徐俊培译，上海科技教育出版社，2008

《水晶太阳之谜——现代人失落的宇宙奥义》，〔英〕罗伯特·坦普尔著，徐俊培译，上海科技教育出版社，2006

《中国：发明与发现的国度——中国科学技术史精华》，〔英〕罗伯特·坦普尔著，陈养正等译，21世纪出版社，1995

物理学家的人文情怀

——费曼其人其书

□　记得我在20世纪80年代初，念到大学三年级时，因为是天体物理专业，开始上所谓“四大力学”课程（理论力学、统计力学、电动力学、量子力学），记得那时校园里流行着几种美国的物理学教材，其中就有《费曼物理学讲义》（*The Feynman Lectures on Physics*）。那时对费曼其人了解甚少，对物理学的理解，也经常只是沉溺在无穷无尽的习题中而已。

《费曼物理学讲义》对20世纪物理学的两大重要成就——相对论和量子力学——作了系统介绍，书中还反映了费恩曼和其他在前沿工作的物理学家对一些问题的分析和处理方法。因为书中对基本概念、定理和定律的讲解，特别注重从物理上做出深刻叙述，而且全书系根据课堂讲授的录音整理编辑（据说费曼讲课通常只带一张纸），保留了费曼讲课生动活泼引人入胜的独特风格，所以很受欢迎。

但是费曼作为一个“科学明星”，进入中国各大学物理系师生之外的公众视野，基本上还是近几年的事情。这时费曼更让我们关注的，早已不仅仅是他的物理学了。

■ 与你类似，我也是在上大学学物理时，曾自己购买了当年原文影印版的三大卷《费曼物理学讲义》，这在当时也算是一大笔开销呢。尽管没有全部通读，毕竟也对读过的某些部分留下了深刻印象。例如，当时在我学习超导物理学时，费曼对于弱连接超导体的约瑟夫森效应的一个简化明了的独特证明，就让人记忆至今。而且，那个本是在一本面向大学生讲普通物理的课堂讲授中对一个专业问题的证明，后来竟成为许多超导专著所常用的内容，这也显示出费曼的与众不同。

当然，后来了解到作为一个“科学明星”的费曼，先是在国外做访问学者时，看到那本后来被译为《别闹了，费曼先生》（在湖南科学技术出版社后出的另一个版本中，又被译为《别逗了，费曼先生》）的那本原著。然后就要到 21 世纪了，他的两本同样是很特殊的传记（由别人记录他的言行、故事）中译本的出版，产生了相当的影响。其实，在此之前，早在 1989 年，科学出版社就出版了《别闹了，费曼先生》的第一个中译本，当时用的书名是《爱开玩笑的科学家——费曼》。可惜，像当时科学出版社出版的许多书一样，那本书的影响似乎并不大。

□ 关于费曼的物理学成就和造诣，各方早有公论，也不是我们近年所关心的重点。当费曼以一个“科学明星”进入中国公众的视野中时，其实大家更关心的是他的思想——其中当然包括他对科学的看法。另外，当他成为公众人物后，也不可避免地被要求扮演某种类似“公共知识分子”的角色，对物理学之外的各种问题发表意见。

例如，在《这个不科学的年代！》一书中，收有费曼的三次演讲，其中颇多他对科学本质的思考和对其他社会问题的看法，并且相当程度地保留着演讲现场的语言痕迹，读来非常有趣。在第二场演讲中，费曼讲到科学在应用时的局限，虽然用的是非常浅显的大白话，所言之理却很深刻。费曼说，“我该不该这样做？”这永远是人类面对的大问题，而在这个问题上科学无法帮助你解决。他分析说，这个问题可以分成两部分：第一部分是“如果我这样做了会发生什么后果”，第二部分是“我希望这些后果发生吗？”。第一部分科学有可能帮助你，但是第二部分科学无法帮助你。所以费曼的结论是：科学无法替道德问题——其实也可以理解为价值问题——做决定。

比方说，科学可以告诉你，爆炸一颗原子弹会杀死许多人；但是要不要杀死这些人呢？科学却无法帮助你做决定。其实类似的思想，早年我在读赖欣巴赫《科学哲学的兴起》一书时就接触过。不过赖欣巴赫并不是谈论科学的局限，而是鼓吹一种“科学的”哲学，这种哲学试图帮助你分析各种行动的后果，但是最终要不要采取某个行动（即你要不要某个后果），则不是他能够帮助你解决的。

■ 如果从费曼作为“科学明星”来说，那他确实很有些“公共知识分子”的味道。他甚至曾参与对航天飞机失事原因的调查，以及像对中小学教科书的审查工作等，这都颇有“公共知识分子”的特色。但尽管如此，我却还是觉得，与更为标准的“公共知识分子”形象相比，也许他的“个人化”特色要比其“公共”特色更为突出。

但即使在这种可以用非常个人化、个性化来描述的特色中，费曼又可以说是科学家中非常突出的。这也许在他的那两本特殊的“传记”（即《你干吗在乎别人怎么想》和《别闹了，费曼先生》）中，就给读者以深刻的印象。

而在国内最新出版的《费曼手札——不休止的鼓声》一书中，他的那种与众不同的个性，通过更为真实的费曼个人通信，又可以让人们有进一步的认识。应该可以想象，他在写这些信时是不准备发表的，从而应该比为了发表的目的而向别人讲自己要更可信。至少，在我的记忆中，像他几次力辞不当美国国家科学院院士——这倒可与我们这里的科学家们打破脑袋争当院士（甚至不惜运用不正当手段）形成绝对鲜明的反差，像他与人打赌在若干年内不做行政管理工作，像他拒绝接受荣誉博士学位，像他拒绝《今日物理》向他免费寄赠杂志，等等，等等，可举的例子实在是不少呢。

□　那倒真是如此。昔王尔德有名言曰：“除了诱惑，我什么都能抗拒”，免费寄赠杂志这种小诱惑我都很难抗拒（估计你也差不多吧？），更大的诱惑恐怕就更难抗拒了。

你上面说的这些费曼的逸事，都表明他属于特立独行之人。人生在世，真要想做到特立独行，其实殊非易事。自身既要有特立独行的资本，外部又要有特立独行的条件。费曼恰恰这两项都具备，所以才能不时安然上演特立独行的喜剧。一方面，他是物理学天才，有成就有地位，特立独行就容易得到周围人们的宽容；另一方面，在美国，可能人们对生活中那些特立独行的人本来就相当宽容。

不过，费曼也有他认真工作小心谨慎的一面，不是一直那么游戏人间的——这似乎是他成名以后才给人的强烈印象吧。在《费曼手札》中有一封费曼 21 岁那年在普林斯顿大学念研究生时写给他母亲叙家常的信，有一段说："昨天晚上，惠勒教授忽然有事离开学校，我只好替他上今天力学的课。我昨夜花了一整晚的时间，准备今天的课程。"惠勒是费曼的指导教授。你看，第一次给老师代课，费曼还是非常认真准备的，这和后来关于他"上课只带一张纸"的传说很不相同。

■　确实如此。在《费曼手札》中还有另一个例子给我以很深刻的印象，即他对"民科"们和一些还不一定算得上是"民科"而只是热爱科学的中小学生给他的来信的回复。我想，我们恐怕或多或少地都收到过不少类似的"民科"来信甚至还会遇到他们登门拜访。而我们的反应又是怎样的呢？虽然我们现在在理论研究和相关的理论认识上（以及在部分实践上）对"民科"并没有像许多人那样的歧视，但我们毕竟很少像费曼那样能够一封封地回复他们的来信，回答他们的问题。当然，他们对费曼的回答的反应也和我们预期的大致差不多。我们也还可以用人数多少以及工作忙否或其他更多的理由为我们的不理睬做出解释，不过，这里更重要的，似乎还是一个认真的态度，甚至某种在类似社会责任那种意义上的为人方式吧。

当然，相比起在以往的传记中谈及的费曼更为传奇、更为特立独行的做事风格，这些费曼认真的地方似乎不那么突出，人们似乎总是更加关注与众不同的东西，但我们同样可以设想，如果没有那些认真（甚至比其他人更加认真）的工作，费曼也不大可能成为那样一个成功的物理学家。也许他与其他成功的物理学家的主要不同之处，是他在某种有共性的努力而带来的成功（当然这种共性的努力不是全部，而是重要因素之一）的过程中以及在成功之后，仍然乐于并且敢于保持着他在为人处世上与众不同的个性化的方面。

再回应一下你刚说过的一个人可以特立独行的内部和外部条件问题。就此，我还可以举另一例子：我以前曾与人说过，其实，苏联著名物理学家朗道与费曼在为人处事的个性上以及工作方式上似乎颇有相似之处的，只是恰恰由于外部条件的约束，才使得朗道没有能够像费曼那样自如，那样更可以自由发挥其个性。你说是不是？

□ 关于朗道的一些故事，也是我非常喜欢提起的。他们两人确实有相当类似的地方。要是朗道生在美国，不知他会不会上演费曼那样的故事。

关于费曼的"闹"，也是非常有趣的。中国人通常认为一个学者应该是沉静稳重道貌岸然的，学者而"闹"，成何体统？这当然和费曼本人飞扬洒脱的性格有关，也是他思想活跃童心不老的直接表现。《别闹了，费曼先生》这个书名耐人寻味——到底是欣赏他的"闹"呢还是也觉得他"闹"得有些过分了？

不过在讨论费曼时，还有一个问题也是我很感兴趣的，那就是：费曼是不是一个科学主义者？我们知道，一个成功的科学家可以不是科学主义者，而一个不懂科学的人也可以成为科学主义者。我们周围的科学主义者，则更多的是对科学有些了解（或一知半解）却又自以为“科学素养”高于天下的人。

费曼作为一个成功的物理学家，当然知道科学的局限，这在他那本《这个不科学的年代！》中表现得很清楚。从他那几次演讲来看，他当然认为科学非常好，但是他承认即使是科学知识本身也不是绝对精确的；他还承认人世间有许多根本性的问题科学是无能为力的。这样他就避免了将科学知识凌驾于其他知识体系之上——而这正是许多科学主义者最爱做的一件事情（我本人多年前也曾经赞成这样做）。

所以在我看来，费曼如果要算一个科学主义者的话，至少也是非常宽容开明的那种。对此很想听听你的看法。

■ 我倾向于相信，如果朗道生在费曼时代的美国，那肯定会是另一个出色的“费曼”。不过，他在当时的俄国能够做到那个份儿上，应该说已经是很不容易了。

关于费曼的“闹”，我觉得，这已经是附加上了中国人的理解了。因为他那本传记的原书名，如果直译，应该是“费曼先生，我肯定你是在开玩笑”。而在中译本中，则译成了《别闹了，费曼先生》，而在更新的一个中译本（湖南科技社）中，又改成《别逗了，费曼先生》。如果按照美国人的思维，那原书名强调的是费曼的所作所为，让人很难相信他是在当真地做他的事说他的话，同时又有一种对于幽默感的欣赏；而第一个中译本的书名，用“闹”字，所强调的东西与原书书名就有些差距了，似乎更有一种认为费曼有些“胡闹”的意味（胡闹与开玩笑可是很不一样的）；而第二个中译本的书名，倒似乎有些接受原书名的意思。但为什么不直接用原书名的直译呢？在这其中，或许还反映出了在我们与美国的出版者和读者（既是出版者想象中的读者又是现实中的读者）心目中，是如何理解科学家应该是怎样的人、应该怎样行事，以及如果要与众不同地行事并引人注意的话，底线又应该在哪里的差别。

关于费曼是否科学主义者的问题，要确切地讲，也许还需要认真地、更多地读读费曼的著作，但在我的印象中，他大致可以算是一个温和的科学主义者吧。因为确实他正反两方面的言行皆有。除了你说的那些表明其并不过于夸大科学知识的地位的说法之外，他确实又有像对于哲学的轻视等等。

说到这里，再联系到我们前面提到的朗道，我倒想问你一个问题：你说在我们这里会不会有出现像费曼这样的科学家的可能性呢？

□　我想这种可能性至少目前还是非常小的。

首先，科学家要达到费曼这样的科学成就就很难。这又有两方面的原因，一是我们的应试教育中，不鼓励创新，还极力扼杀孩子们的想象力；二是科研环境长期不理想，先前是知识分子受打击、缺乏经费之类，现在这两个问题缓解了，却又落入"量化考核"的重轭之下，不让人安安静静做学问了。

其次，文化中的传统因素一直在起着作用。一个类似费曼这样特立独行童心不老的人，喜欢"闹"，喜欢"逗"，通常会被周围的人视为异类。一个这样的人，他的成长之路一定荆棘遍地，很难"成角"、"成腕"。想想我们以前谈论过的束星北吧，他应该可以算一个特立独行之人了，能力和天分也都不弱，但在国内长期郁郁不得志，人格还受到一定程度的扭曲。

当然，我们的社会毕竟还是在进步，也许若干年后，费曼或朗道这样的人物，能够在中国出现，也未可知。

我想你提到这个问题，当然不会是为了预测或算命吧？你背后进一步的想法是什么呢？

■ 你的分析很对。我提这个问题，当然不是为了什么预测，而且也知道这种可能性很小，只是想听你谈谈这种可能性小的原因。因为造成这种可能性的环境，实际上是一种不理想的、有问题的环境。你刚举的束星北的例子也很说明问题。往小里说，是我们的教育体制、教育理念有问题；往大里说，则是我们的文化中有些不适于特殊人才成长的因素。所以说，虽然现在我们天天讲创新，而实际上，我们的教育与文化环境，却是非常不利于像费曼这种真正有创新能力的人成长的。

说到这里，我还想再问你一个问题，这个问题也有人问过我许多次，而我似乎也一直没有想到真正有力的回答。这个问题就是：为什么费曼的著作（尤其是他的传记），在像美国这样的地方，都是很畅销的书，而到了我们这里，情况却很不一样，他的书远没有达到那么畅销的程度。你说，造成这种差别的原因主要是什么呢？

□ 这个问题其实不仅仅表现在有关费曼的书上。事实上，欧美许多畅销的科学文化书籍（其中有些就是我们传统意义上的科普作品）引进中国之后，在销售上都不很成功。甚至某些著名的科学文化杂志，引进中国后也有类似的命运。

对于这一现象，以前有一种比较流行的解释，认为这是中国公众“科学素养”还不够高之故。这种解释当然暗含了这样的判断，即“科学素养”较高的人群会更有兴趣阅读《别闹了，费曼先生》、《费曼手札》这样的书。我认为这种判断可能忽视了“国情”的不同，因而用来解释中国的上述现象未必合适。

“国情”当然是一个很老套的解释，但我在这里有更具体的考虑。我的基本想法是：不同的人群，他们关心的问题也很不相同，对不同书籍的阅读兴趣，很大程度上与此事有关。许多出国生活过足够长时间的人都知道，美国——比如说吧——公众所关心的事情，通常和中国公众所关心的事情大不相同。这也许可以用来解释为什么《别闹了，费曼先生》这样的书在美国畅销而在中国不那么畅销。

对上述解释我还可以提出另一个旁证。在中国，类似《别闹了，费曼先生》这样的科学文化书籍，在不同人群中的受欢迎程度也是大不相同的。这些书籍的中译本出版之后，往往有“叫好不叫座”的现象——学者的评价很好，他们还会在报纸杂志上写文章称赞这些书；但在实际销售中，原先所设计的“目标读者群”（多半是比照美国情形而来的，比如大学生或中学生）却并不踊跃购买。据说有些学术界评价颇高的科学文化书籍的中译本，许多购买者却是“民科”。当然，我们不反对民科——在《我们的科学文化》中，他们已经来到阳光下了，但他们不是出版者原先所设计的“目标读者群”。

其实这也许还可以从另一个角度来理解：一个在大众媒体上经常露面的“科学明星”，关于他的书籍好卖，有什么奇怪的呢？在中国，易中天和于丹的书不是也曾经很好卖吗？但是在中国，迄今还没有出现过类似 R. P. 费曼、卡尔·萨根这样的人物。

说到这里我有一个大胆建议：有胆略的中国出版家，是不是可以考虑与电视等媒体联手，在中国推出一两个类似 R. P. 费曼、卡尔·萨根这样的“科学明星”，以此来全面促进科学文化书籍的销售呢？这对于真正提高全民科学素养也大有好处啊！

■ 你说的是一个可以尝试的建议。但相对于美国有费曼热、卡尔·萨根热，而中国却只有于丹和易中天热的背景，也许还提示着我们另一个问题，即关于科普，即使在最广义的理解中，我们是不是又忽视了“地方性”知识的重要性了呢？

你看，在我们这里，像那些国医养生类的书，不是也相当的畅销吗？在广义上讲，那不也是一种“科普”吗？尽管那些书仍然有许多许多的问题，但公众却还是乐于接受的。这似乎也意味着，中国公众在科普方面的兴奋点，确实是有别于西方的。

可是，那又怎么样？换个思路来想，我们做科普又是为了什么呢？说到底，不是为了让人们生活得更好、更幸福吗？能够达到这个目的，而且又保持有中国的特色，那就是中国特色的成功的科普了。当我们说中国公众科学素养低，这个结论恰恰是从中国公众科学素养调查得出的，而那些调查问卷中的问题，就是以西方科学为主要内容的，极少有关于中国“地方性”的“科学”的内容。那不也正和我们这里说的科普书的情况一样吗？那种意义上的科学素养低，也正对应着一些相应类别的科普书在我们这里遭到冷遇。

因此，我想问题有两个方面：其一，是我们在面对开发和认可有中国特色，或者说有地方性特色的科普书籍问题时，理论认识和工作力度均有待改进——在此就可以尝试你上面关于"推出中国科学明星"的建议。其二，当然我们也应该做另外一些工作，比如，能够使得更多的人欣赏像费曼这样的出色学者的科普书的工作，因为这本来就是在多元的科普领域中重要而且不可缺少的一元。

当我们真的能够尽量地避免为了其他非学术、非科普的导向而做科普，而真正能够扬己所长、补己所短的时候，才是一种理想的做科普的文化环境。在那种环境中，也许我们就无需讨论像费曼这样的科学家及其科普作品的市场问题了。

《费曼物理学讲义》，〔美〕R. P. 费曼著，上海科学技术出版社，1981

《费曼手札——不休止的鼓声》，〔美〕R. P. 费曼著，叶伟文译，湖南科学技术出版社，2008

《你干吗在乎别人怎么想》，〔美〕R. P. 费曼著，李绍明等译，湖南科学技术出版社，2005

《发现的乐趣》，〔美〕R. P. 费曼著，张郁乎译，湖南科学技术出版社，2005

《物理定律的本性》，〔美〕R. P. 费曼著，关洪译，湖南科学技术出版社，2005

《费曼讲物理·入门》，〔美〕R. P. 费曼著，秦克诚译，湖南科学技术出版社，2004

《费曼讲物理·相对论》，〔美〕R. P. 费曼著，周国荣

译，湖南科学技术出版社，2004

《别闹了，费曼先生》，〔美〕R. P. 费曼著，吴程远译，天下远见出版股份有限公司（台湾），1999

《这个不科学的年代！——费曼谈科学精神的价值》，〔美〕R. P. 费曼著，吴程远译，天下远见出版股份有限公司（台湾），1999

《迷人的科学风采》，约翰·格里宾等著，江向东译，上海科技教育出版社，1999

李零：当代学者中的异数吗？

□　三年前我在《博览群书》上写过一篇文章，结尾那句话后来在网上流传颇广："我忽然发现《读书》近年变得不好看的原因了！哈哈，那是因为——李零已经不在上面写文章了。"如今三年过去，《读书》已经换了新主持人，而李零又出版了更多的书。

记得第一次读李零的书，还是上个世纪 80 年代。起先我只是出于好奇买了他的《长沙子弹库战国楚帛书研究》，这书全部是职业抄手手抄影印的，读后推测这是因为书中涉及的古字怪字实在太多，铅字排版难以应付之故。1988 年恰好去美国参加国际天文学联合会（IAU）的年会，会后我跑到纽约的朋友那里呆了一些日子，著名的大都会艺术博物馆我去了几次，记得里面藏着长沙子弹库战国楚帛书的原件，就特意去仔细看了，印象特别深刻。没想到不久之后，我的中国古代天学研究居然和李零这本书发生了关系，我还引用了他书中的论点。这本原先出于我"好古成癖"的好奇心而买着玩的书，也就不幸沦为"学术参考资料"矣。

有趣的是，那时我并不知道李零何许人也，《长沙子弹库战国楚帛书研究》后记中也缺乏有关的信息，所以我很长时间都想当然地以为李零是一个老者，甚至将他想象成须发皓然的样子，却不知他那时也还是青年才俊呢。

后来我知道他其实只比我年长 7 岁，也应该算同一代人。然而在我的印象里，他又老和房中术联系在一起。先是他译了高罗佩的《中国古代房内考》，记得当时这书还要"内部供应"（现在有了商务印书馆的新版）。而 1992 年他在中华书局的《文史》上发表的长文"马王堆房中书研究"，让我读后有类似"崔颢题诗在上头"的感觉——因为该文中的许多内容，当时正是我也打算写的，看到李零已经写得这样好，我就此息了念头。

李零第二本让我印象很深的书是他的文集《放虎归山》。其中有一篇"汉奸发生学"，尤其让我击节叹赏。后来在他的另一个文集《花间一壶酒》中，又有一篇"一念之差"（吴三桂史料摘录），开首就谈到了当年的那篇"汉奸发生学"引起的一些风波——不算太险恶，不过风波总是风波。"一念之差"文中颇多妙语，比如"谁读了我的文章，因而想当汉奸，或不想当汉奸，我都不负责"之类。此文摘录了许多明清之际关于吴三桂的史料，间或也有一些李零自己的评论，这两篇文章可视为姊妹篇。

■　和你相比，真是非常的惭愧，也许是由于研究领域的关系（毕竟你的第一专业的研究涉及到古代文献，而你的第二专业又与房中术相关，甚至于你自小以来对于古典作品的热爱，也都是重要的相关因素）的差别，我对李零的作品的了解就实在是太少了。到目前为止，也只读过他的《花间一壶酒》、《放虎归山》和《丧家狗》这三本书。不过，在读《放虎归山》中的“当代《封神榜》”这篇原载于《读书》上的文章时，我忽然记起，我是曾读过这篇文章的，而且记忆还挺深，并在几年前我写的某篇东西中，引用过他这篇文章中的一段话。只不过，我以前并没有明确地把这篇文章与李零这个名字联系起来。

尽管有这一个例外，而且，仅就我读过的那三本李零的书中的内容来说也有许多可评可议之处，但整体上讲，我对李零的学术，确实是不了解的。不过我以为，尽管李零本人所期待的生活，是被“放虎归山”，跳出学术研究，去读野书，写随笔，而且他的随笔又写得颇有可读性，但这后者，总应该是和他的学术研究功底，与他的学术眼光（或者说学术品味）有相关性的。那么，在后面我们也许更放开来谈之前，你是不是可以按照你的理解，对李零的学术研究，也就是在他所说的“三古”方面的工作，先简要地做一点总结和评论？然后，我们就可以在这样的基础上，讨论李零的追求，在学术的背景下以非学术的方式去谈我们想谈的问题了。

□　考古方面的研究应该是李零的本行（他的《中国方术考》、《中国方术续考》、《烁古铸今》等书，就是这方面成果的集结），但这并非我们两人的本行，所以我觉得我们就不要去“多管闲事”了，对他这方面工作的总结和评论，我看还是让给考古界他的同行们去做算了（我就是做了评论也是一个外行的评论，没有多少公信力，也不会给李零带来光荣）。我更感兴趣的，其实恰恰就是你所说的“在学术的背景下以非学术的方式去谈我们想谈的问题”。

为什么李零会进入我们这个专栏的视野？我想首先就是因为，他作为一个做过非常严肃、非常扎实的研究工作，而且现今仍然在学术体制内生存着的学者，却在近年屡次“处于文化界的风口浪尖上”（《新京报》上的说法）。

并不是人人都愿意处于风口浪尖上的。有些学者很害怕这一点，担心一旦处于风口浪尖上，自己的“一世英名”就可能毁于一旦。当然，也有一些学者（或伪学者）倒是非常想尝尝处于风口浪尖上的滋味，无奈能量太小水准太低，拼命蹦跶也上不了风口浪尖。而如李零者，有足够的能量和水准，也有足够的勇气和胆量，所以虽然“一不小心”上了风口浪尖，我看他似乎尚能“胜似闲庭信步”。

那么李零自己愿不愿意“处于文化界的风口浪尖上”呢？我的推测是：他愿意。

在《花间一壶酒》2005 年的自序中，李零说过这样一段话：“我很想摆脱学术工作，坐下来读点闲书，唠点闲话，写点闲文——因为学术太累……就像麋鹿久羁苑囿，顿起长林丰草之思。”他甚至还说：“我确实是在走向业余，而且是怀着浓厚兴趣和极大的敬意”！

接下来的推理就要有一点跳跃了。在我们中国传统文化中，说了“闲话”，那是要惹来是非的呀；而且，不肯老老实实在学术的“苑囿”里呆着，总想到外面“长林丰草”的江湖上去驰骋一把，那就是对遭遇风浪已经有思想准备了吧？更不用说对这样的驰骋还怀着“极大的敬意”了！

■ 好吧，那我就顺着你的思路来谈吧。我想，你之所以首先关注到学者与风口浪尖的问题，恐怕也与你自身的经历和感受有关。就像你前面在说到“汉奸发生学”一文引起的“风波”时，用了“不算太险恶”的说法。那么，这与“文革”时期常说的“风口浪尖”已有了不小的差别。或者，也许我们用成为一时文化争论的热点话题这种说法会更确切些。

但要这样讲，就与学者介入公众传播领域相关了。我也正是在这种意义上才说你更关心此事与你自己的经历感受有关。因为标准、规范的学术研究（即使是人文社会科学研究），一般不大可能有影响地进入公众传播领域。也正像你讲的，一些想进入这一领域的学者或伪学者，也许更看重的是因此可能带来的“知名度”，但却因能力有限（你用的是“能量太小”的说法，那也正是因为能力有限所以能量才小）而无法得到所期望的回报。在不少情况下，恰恰是一些更以“玩”的心态来做这样的事，写那些“不正经”的杂文随笔而不是以SCI收录为导向的学术论文的人，反而会在公共领域中产生影响。产生影响的表现方式之一，就是引起争议。实际上，在公众传播领域中，有争议是有利于传播的，有大争议是大有利于传播的，众口一词地被认可，传播的效果就要差不少，而最惨的，则是连人们的注意力都没有吸引起来就无声无息地被遗忘。

从另一方面讲，一些学者的观点之所以会引起争议，而且被人们认为值得去“争”，并不是因为其荒谬，过于荒谬的观点人们通常也不会有争论的兴趣。最大的可能，则是那些学者提出了一些与传统的“缺省配置”不一致而看上去却又不无道理的观点。你说是这样吗？

如果是这样（抱歉我在你尚未回答之前就预先强加于你这个判断了），那么，在李零的例子里，你认为主要是在哪几方面他带来了与人们的“缺省配置”的冲突呢？

□ 就一般的情况而言，我完全同意你的看法，但对李零来说，情形似乎也不尽然。

李零真正上了“风口浪尖”，我的感觉主要是在《丧家狗》出版之后，或者是他发表了《丧家狗》中的基本观点之后。主要是他对孔子的评价。他的评价固然与现今相当“主流”的观点大相径庭，但现今这种“主流”观点，如果从“五四”的“打倒孔家店”算起，却也很难算是“缺省配置”。正如李零所说：“近百年来，尊孔批孔，互为因果，互为表里，经常翻烙饼。”

不过在概念上稍作一点技术处理之后，你的说法还是可以成立的——在“尊孔”已渐成眼下的“缺省配置”之时，李零出来说道：“有些东西，处于濒危要保护，我赞成；但非要弘扬，直到把孔子的旗帜插遍全世界，我没兴趣。”这确实是一个相当大胆、相当反潮流的立场。难怪此言一出，立马就上了“风口浪尖”啦。

当然，还有非常符合你上述说法的例子。比如李零的那篇“汉奸发生学”，就在汉奸问题上对中国人习以为常的“缺省配置”观念有所挑战。他对吴三桂表示了某种同情：“三桂的悲剧在于，虽然从愿望上讲，他本人想作申包胥，但多尔衮却不是秦穆公。”他相信吴三桂自己也不愿意当汉奸，是被特殊的时势逼出来的——我们常言“时势造英雄”，在吴三桂身上就是“时势造汉奸”。这样的看法，当然是许多思想保守的人，对此问题未曾深思的人，以及那些“愤青”情怀浓烈，不屑心平气和知人论世只爱占据道德高度口诛笔伐的人，都不愿意接受的。

■ 这就联系到了另一个我本来就想谈到的话题。近两年，像《论语》这样的传统文化书籍变得很热。这里面，既有像于丹那样的大众普及型畅销读物的作者的功劳，也有像李零所说的将传统文化作为一种意识形态的作用，看看许多大学纷纷成立“国学研究院”就可见一斑。而李零也在北大开读《论语》的课，以更为学术化的方式（又与标准的学术化方式稍有不同，至少在其字里行间体现出来的语言风格上是如此）讲授《论语》。

我这里想提的第一个问题是：如果将于丹和李零讲《论语》的书相比，你会怎么评论？非常抱歉的是，许多人听到这种比较可能就会愤怒（但不知李零本人会不会），但确实就社会影响来说，于丹的书是比李零的要大。那么，这是否意味着，在传统文化上，学术式的阐说与公众可接受的讲解发挥确实有着很大的鸿沟呢？这样的鸿沟是否可以通过某种或某些种类型的努力而被弥合呢？

其次，我读李零的书的另一个感想，是觉得他在骨子里并不追求时尚（比如说，在他的文章中几乎见不到那么多西化而且前卫的新理论——不过一个例外是他虽然不以术语但却在基础观念上表现出与女性主义的诸多观点的契合之处），又不简单地附和缺省配置的说法，而是以有些另类不俗（形式上倒有些大俗大雅的感觉）但却相对朴素的方式，给出自己的新解读。而这样的论述风格，在当下的学者中确实是不多见的，也形成了他的一个特色。也许他的文章相对来说（不是就大众传播来说）为人喜读，这也是一个重要因素吧。

□ 于丹的书我没看过，也不打算看。我向来有一个毛病——凡是那些炒得满世界都在说的超级畅销书我从来不看。这是一种逆反心理。如果李零也在《百家讲坛》天天开讲孔子，《丧家狗》也印了几百万册，那我也要敬谢不敏了。

这个毛病本身就可以回答你的问题，我认为，“学术式的阐说与公众可接受的讲解发挥确实有着很大的鸿沟”，而且，我们根本不应该去弥合这种鸿沟。这种鸿沟是宝贵的，它至少能够在某种程度上限制“学术庸俗化”的趋势。

那么“如果将于丹和李零讲《论语》的书相比”，我会怎么评论？

你记得我在吃饭问题上的怪癖吧——到了异地，总是找自己熟悉的食物吃，而对于尝试陌生的食物没有兴趣。李零的《丧家狗》就是我熟悉的食物，有了它我就用不着再去考虑于丹的书了——毕竟我又没有义务去评判李、于二人的水准高下或作品优劣。

我既然不读于丹的书，当然也就无法将她的书与李零的《丧家狗》作比较。不过我至少可以指出一个事实：媒体上有人从于丹的书中找出了许多硬伤，但至少我没有看见他们找出《丧家狗》的什么硬伤。

当然，这可以引导到另一个问题：对于《论语》这样的经典，“公众可接受的讲解发挥”是不是可以容忍硬伤？也许有人会认为“可以容忍”，但我在这个问题上还是比较保守，我觉得无论如何，有硬伤——其实我们也无法不容忍，那些硬伤已经存在了——总不如没硬伤好吧？

■ 在这个问题上，我持相对宽容一些的态度，但同时又有一种相对激进的观点。

也许我们可以这样说，李零眼中书中的《论语》，是李零的《论语》，而于丹口中笔下的《论语》，又是于丹的《论语》。就像李零也不完全同意其他学者对《论语》的解说一样。当然，如果模仿李零的说法，用"《论语》解读发生学"的立场来看，各种解读似乎也都有其产生的环境，而且满足了不同的需求。在这里，《论语》只是论说者的一个话题而已，在说这个话题时，作者都是在投射和演绎着自己的观念，只是演绎的规范不同。

这样就有了另一个问题：即是否有一本"真正的""真《论语》"和一个"真正的""真孔子"呢（这还是李零的语式）？要回答这个问题，就又回到关于文本及其意义的哲学讨论了。激进一些讲，至少从原则上，后人现在是无法得知孔子本人的意见了，甚至就算孔子本人说过什么，那也不一定算数，对之还可以有别的解释。如果这样看的话，那么，学者自然可以坚持学者的解读规范，非学者（在专业身份上或有别于学者规范的意义上）也可以按他们的方式去解读，受众就更是多样了。但规范也有差异，同一规范下解读的结果也有差异，否则到某一本书，学者的工作也就终止了。

对此的进一步争辩，还可以用什么向"绝对真理"逼近之类的说法，但那种永不可及的"绝对真理"，至少对我来说，是没有什么吸引力的。

以这种方式，我们就可以（而且按你的说法就是"也无法不容忍"）更坦然地面对不同的、多元的各种解读版本了。只要选择和坚持（或不坚持而转变也无妨）一个你喜欢(出于各种可能的原因)的规范,你也就有了你的《论语》。

□ 站在多元的角度来说,你的这个看法我自然赞成。

从《去圣乃得真孔子》这样的书名来看,李零是相信历史上有一个"真孔子"的,而且相信他可以正确理解或"得到"这个"真孔子"。我不难预料,对于久经后现代思潮洗礼的你来说,李零的这两条信念,你最多只能赞成前一条。因为事实上,"真孔子"即使曾经存在,我们今天也肯定无法"得到"他。于丹的孔子和李零的孔子,乃至所有人的孔子,都是建构出来的。我们唯一能够比较的,是看谁建构的孔子相对来说更为合理——这就包括看谁从历史文献中得到的证据更多、谁在解读历史文献时出现的硬伤更少。

所以无论有没有"真孔子",无论我们能不能得到"真孔子",都不能成为替硬伤辩护的理由,有没有硬伤毕竟还是有点高下之分吧。别人未能在李零的文章或书里找出硬伤,当然说明李零的学术功底比较扎实;并可以进而推断,他建构的孔子更为合理。

不过说实在的,在李零的思想和文风之间,我更喜欢的是李零的文风。

杂志《新周刊》每年编一册当年的《语录》,在《2008 语录》中,李零入选这样一条:"孔子不是软实力,老子不是软实力,传统文化不能救中国。"

我其实并不十分赞成李零的上述说法,但是我却喜欢这条语录。我喜欢它什么呢?我想我是喜欢它的表达方式——简洁明快，直截了当。这就要引导到对李零文风的评价了。我非常喜欢李零的文风，尽管我自己并不使用这种文风来写作。有一位优秀的美女编辑曾对我说，她感到李零的文章有“痞气”，这个表达也可能并无贬义，甚至还可能暗含欣赏之意呢。“痞”者，不甚典雅之谓乎？通常我们习惯于认为知识分子说话行文应以典雅为好，然而李零说过“我崇拜知识，不崇拜知识分子”，他也许不屑于像通常的知识分子那样说话行文。这和他对于“学术苑囿”日益厌倦，常有“长林丰草之思”，希望早日“放虎归山”，倒是一脉相承的。

■　看来，你也没能完全避免后现代的影响。不过，从论证的逻辑上来说，这种“去真”的说法真是很难反驳的，除非要诉诸信念——但那就已经无需也无法对之进行逻辑论证了。

关于“硬伤”，我姑且倾向于同意你的观念，但也还可以做点有限的辩护，当然，这并不仅限于《论语》和孔子的问题。从原则上讲，所谓硬伤，同样是在某种规范中才被认可存在的。比如，相比李零，人们说于丹对历史文献的解读中有硬伤，这当然是就传统中被比较一致认可的学术规范而言。于丹的解读，可以有其自己的意义，但问题是，在现实中她的解读又无法完全独立于传统学术对于历史文献的理解。这是一个更基本层次的问题。在此层次之上，是更个人化的理解，在这个层次上，李零同样试图给出与传统（或者说当下流行的观点）有所不同的说法。而且，他给出的说法，也是颇有新意的。他对传统古典文献阅读理解的学术训练和对学术规范的把握，也使得他的新解读，更容易得到学者们的接受。正是李零和于丹的学术背景、学术训练、学术规范的不同，以及相应的解读方式和传播目的的不同，导致了他们的著作在社会上的影响的不同，以及其主要受众的差别。

关于李零的文风，我完全同意你说的那位美女编辑的说法，实际上，我也很喜欢这种带些“痞气”但却有力而简洁的文风。也许某些比较传统的学者对此会有不同感觉和意见，但那也没有关系，至少有一部分人能够欣赏，也就足矣。

总之，如前所讨论的，虽然在最后一点最基本的、带有本体意味的“真孔子”这样的问题上，李零还有些传统，但在其他方面，从行文，到思想，李零足以成为当代学者中的一个“异数”。而他在学者圈中受到的欢迎和产生的影响，更说明目前学者中像他这样的“异数”还是太稀有了。

李零:《长沙子弹库战国楚帛书研究》,中华书局,1986

李零:《中国方术考》,东方出版社,2000

李零:《中国方术续考》,东方出版社,2000

李零:《花间一壶酒》,同心出版社,2005

李零:《烁古铸今——考古发现和复古艺术》,香港中文大学出版社,2005

李零:《兵以诈立——我读〈孙子〉》,中华书局,2006

李零(译):《中国古代房内考》,商务印书馆,2007

李零:《丧家狗——我读〈论语〉》,山西人民出版社,2008

李零:《去圣乃得真孔子——〈论语〉纵横读》,三联书店,2008

李零:《人往低处走——〈老子〉天下第一》,三联书店,2008

李零:《放虎归山》,山西人民出版社,2008

一个医学"叛徒"的人文思考

□ 医学和药品，如今是中国公众心目中职业道德最为败坏的行业。一位身为医生的政协委员坦言：医院如今已成黑店，病人进来不是被宰不被宰的问题，只是被宰得多还是被宰得少的问题。当然，任何行业，无论堕落到何种地步，总还是会有一些有良心的人存在，比如上面这位政协委员就应该算是有良心的。

我一贯反对在制度有问题的情况下，却首先将道德矛头指向个人。我自己也有当医生的亲戚和朋友，我无意对任何作为医生的个人进行攻击。我觉得我们作为这个行业之外的学者，目前能做的，也就是进行一些理论探讨而已。

王一方就是这样的一位学者。他自己就是

学医出身，但他早已成为这个行业的“叛徒”。如今他是资深出版人和出版理论家，但在我看来更重要的是，他又是国内少见的“医学人文”的极力鼓吹者。

有些轻浮浅薄之徒也许会说：王一方啊，他现在不在医务界混了，就出来讲什么医学人文，又发表不了 SCI 论文，有什么用啊……

■ 关于轻浮浅薄之徒，姑且暂不说他们吧。其实就广义的科学技术而言，医学应该是其中与人们的日常生活关系最为密切的领域了。尽管在某种国际上严格的分类标准中，医学并不被归入科学之列，因而，在王一方的书中，才会有以“医学是科学吗”为题者。至少在我的经历中，当在课堂教学、报告等场合说到这样的观点时，总会有许多人对此感到非常惊诧。虽然这属于像科学哲学的基础理论性问题，但其实上这种基础理论性的问题，对于理解医学的本质，讨论当下医学的问题，又是十分重要的背景。

就现实的层面，当公众对于当下的医疗极为不满时，也是涉及到许多方面的问题。但通常，人们会首先关注像体制、经济、公平等，而医学人文，虽然与这些现实的问题有着不可分割的联系，却同时还有文化、教育等方面的意义，是一种既为基础性的文化问题，又与现实关系密切。不过，正像你所说的，对医学人文专门进行研究的人在国内又是非常少见的。而在这少见的人士当中，王一方恐怕又是非常独特的，他虽然也在大学里讲课，经常到各处做报告，但与此同时，他毕竟还是以出版作为其领薪水的饭碗。他关于医学人文的研究与传播，通过文章、书籍和报告等形式，有着重要的社会意义，但他的职业身份恰恰又从另一个方面暗示着社会上对此类学问的不够重视。

□　在唯科学主义盛行的思想氛围中，任何学科只有挤进“科学”的行列，才能盛气凌人，至少也够理直气壮。20世纪之初，现代医学进入中国的时候，也是以“科学”的大旗开道的。所以一百年来中国人习惯于将西医视为科学，它被认为是现代科学的一部分。实际上当然不是这样，现代医学仍然不是精密科学，它至今仍然不具备物理学、天文学那样的精密性和权威性。

然而更严重的问题是，医学却远比物理学、天文学更深更广地卷入了当今社会的物质利益争夺之中。前不久有一篇评论王一方《医学是科学吗》的书评，标题是“医学的人性正在技术和利益中陷落”，真是直指要害。王一方的想法其实和我们相当接近，他也知道，作为学者目前能做的也就是进行理论探讨而已。所以他试图对医药行业所呈现出来的社会问题提供一种“学术解”。他期望这能够延缓医学的人性在技术和利益中陷落的速度——我想他已经不敢指望能够阻止这种陷落了。

这种人性的陷落，有深刻的社会根源和历史根源。王一方的“学术解”，很大程度上就是对这种社会根源和历史根源的探讨。有些人也许会说，这种陷落不是人们有目共睹的吗？王一方说的事情我们中谁不知道？不错，医学的人性陷落，事实确实是有目共睹的，但这些事实背后的原因，有许多却并非有目共睹，有许多则是被公众熟视无睹。学者的责任，就在于将自己看到的、分析出来的原因，用恰当的途径和方式告诉公众。王一方近年来在全国各地鼓吹他的“医学人文”，我认为最重要的意义就在于此。

■ 你刚才说的都很重要，不过有一点我觉得似乎可以讨论，即王一方近年来写的这些书，以及做的这些报告，与其说是面向公众的传播，倒不如说更是面向医务工作者和正在学习医学的学生们。当然，公众要是能够知道更多这方面的知识，那肯定是非常有意义的事，远比知道在官方的科学素养标准中强调的诸如宇宙的大爆炸、生物的DNA之类的知识要重要得多，因为这才是与公众日常生活关系最为密切的知识和文化。

但在目前我们所面对的这种令人甚不满意的医疗现状（包括很基础但又意义深远的医患关系）中，患者明显地处于弱势一方，而医务工作者（包括整个医疗系统），则不对称地处于绝对的强势。因而，在这其中，医生那方应该是负有最重要的责任的。相应地，由于医生们对于医学人文知识令人吃惊地缺乏，他们才是最需要补上这一课的主要对象。而王一方的这些重要工作，我以为，首位的恰恰是面向医生们和未来的医生们的。

说到这里，再结合你前面提到的科学主义，其实还与更为复杂的现代社会系统有关（而这与广义的科学主义的立场又再次有关），现代医学系统自身一方面在整体上对于像医学人文这样的东西几乎是不屑一顾，或是完全看不起，认为只有那种“硬”的、“科学”的医学知识和技术才是有用的，而这种“软”的、人文的知识和文化则是完全无用的，或是对之全然冷漠地忽视。这种情况，在多年来我国的医学教育中，是最典型的特征。而王一方的工作，或是可以看做对此局面的反抗，当然，弱化一些，也可以视为是对这种教育体制的改变和补充。

□　我特别喜欢王一方的《医学是科学吗》，从书名开始就喜欢。学科分类中医学划不划入"科学"的范畴，对千百万公众的日常生活而言本来是无关紧要的，但是在中国，由于唯科学主义语境造成的错觉——是科学就是好的，这个分类就变得很有意义了。所以王一方书名中的提问也就很有意义了。

王一方和他在书中的对话者，都痛感医学正在迷失自我——那个以"治病救人"为己任，将医术视为"仁术"的自我。例如他在"离床医学的诞生"(这个标题是他从福柯《临床医学的诞生》一书的书名剥用的)一文中认为：现代临床诊疗的发展过程，"也是患者身心体验被抛弃、被遗忘的历程，是人类痛苦的失踪史。问题……在于对此毫无反省和批判，并且将这份技术主义的迷失(还夹杂着消费主义的牵引)视为进步的必然趋势"。他认为，我们今天所见到的临床医学诊疗的发展，实际上是在发展"离床医学"，是在"缝制一件皇帝的新衣"。

其实"皇帝的新衣"、"消费主义的牵引"之类的措词，只表明王一方在批判时仍然温情脉脉而已——让我告诉你刚刚听到的一则消息：某著名大医院的一个诊断检测部门(就是王一方上文所说的技术主义迷失的典型部门)，2008年度的盈利指标为1亿元，结果只完成了8000万元，于是全部门的奖金受到影响，现在该部门上上下下齐心协力，决心在2009年度迎头赶上！你想想看，医院的一个诊断检测部门居然会有"年度盈利指标"!，而且高达1个亿！这还是"仁术"吗？这不是盼望天下人人都成为病人吗？

这个部门在2009年将会怎样"迎头赶上"，也是不难想象的，一定又会有更多的患者被欺骗甚至强制进行不必要的检测，好让这个部门完成年度盈利指标。这哪里是“消费主义的牵引”呢？根本就是资本赤裸裸的增殖欲望啊。

■ 当面对不受制约的经济动力时，医学必然会堕落成你所说的那种被“资本赤裸裸的增值欲望”所牵引的东西。这也恰如田松那句名言，即在当下科学已经沦为“资本的帮凶”。而且进一步表明，即使是只能在广义上才并入科学概念而在严格意义上并不属于经典科学的医学，无论是作为应用技术，还是所谓“仁术”，在现今也都无法逃脱这一命运。

不过，在一种缺乏制约的经济体制中的医学被资本所利用，这还是事情相对外在的部分。而现代医学技术本身内在的逻辑发展，则在医学内部，也充分地体现出了其非人文的典型特征。或者也可以用王一方的话来说，即“现代医学的精神贫困”。

这种特征，即是只将患者作为像科学实验室中的小白鼠一样的一个“客体的躯体”，一个治疗对象，最大限度地开发利用高新的医学技术来对之施治。一方面，作为患者的人，或者说是作为人的患者，与像在实验台上的小白鼠这样的“客体的躯体”的最大差别，是前者需要有人文的关照，这也正是人的医生与兽医的差别（当然这样讲也许在更广义的动物权利的意义上会有争议）。另一方面，那种过度依赖于最先进技术手段的医学（这种情况我们现在在医院中经常可以体验到，如 CT、ICU 等，也包括你刚刚讲过的可用于方便创收的各种检验手段），也在治疗过程中，进一步剥离了人性的要素。而这两方面的结合，又恰恰给那种医学被资本的利用，提供了充分有利的条件。

□　关于这一点，王一方在《医学人文十五讲》中重点谈到过一个著名的个案，即“妞妞之死”。在这样一本大学讲义性质的书中，竟然会出现这样的文字：“这位博士却反其道而行之，超越常规让沾亲的孕妇去接受大计量的X线照射，而且并非病情诊断之必须……难道他那一刻受了魔鬼的驱使？这是好莱坞影片的剧情设计。……在这一恐惧的梦境之中，白大褂便是魔鬼的化身。”是什么使得王一方也“超越常规”，在讲义中放进如此充满文学色彩的一节呢？我想只能是他的感情——他毕竟也是学医出身，眼看医生从昔日大众心目中的“白衣天使”变成“魔鬼的化身”，他想必是痛心疾首，无地自容啊。

所谓“现代医学的精神贫困”，即过度技术化、去人性化的进程，其实和医德的普遍堕落是有内在联系的，两者之间没有明确的界限，而是交互作用，互为因果的。如果医生都将患者看成和自己完全平等的“人”，医德就不会堕落了；只有将患者看成小白鼠一样的“客观躯体”，才能够替医德堕落扫清心理障碍。

另外，过度技术化、去人性化也导致了医学的傲慢，以为自己可以扮演上帝的角色了。这倒让我联想起希波克拉底的教诲：“尽管医生掌握了许多东西，许多病还是本能地自愈……众神是真正的医生——尽管人们不这样认为。”今天的医生当然掌握了更多的东西，但只要将“众神”看做一个修辞手段，则希波克拉底的教诲依然能够成立。而王一方经常强调要“敬畏生命”，正与希波克拉底的教诲完全相合。

■　类似地，在王一方新近出版的一本在形式上相对要轻松些，但在内容上却依然沉重的随笔集《人的医学》

中，他也在谈论着同样的问题。例如，在那篇题为"技术飙升、人性失落——20世纪医学史的回顾与批判"的文中，他也在以批判的视角深刻地反思着在医学的发展或许是最为"辉煌"的20世纪的医学史："当下医学的缰绳正掌握在执著地发展医学的技术潜力的知识精英手中，他们遵循'应然—必然'的行动逻辑，热衷于谋划'能做的'和'将做的'一桩桩惊天动地的技术突破，很少考虑自身的目的与价值，考虑技术与人性的张力，关注'人的医学'。最终把'病人'当成'病器'，人被高度客体化、对象化，然后修理、调控、再造或局部替代。"

与之相应地，王一方在他的各本著作中所倡导的，则是"人的医学"，因为在像一个"人"字的医学结构的两笔画的支撑中，一撇是技术的医学，一捺就是人文的医学。他明确指出："人的医学"的口号与医学人文恰恰就是为人们批评医学引进了一些思想武器，可以这样说，医学人文学就是要将技术医学拉回人间多元关怀的轨道上来，这种努力本质上还是一种人性的呼唤！

由此，我们可以看出王一方的这种努力的重要价值，以及当下医学界对于他所传播的这种思想观念的漠视的荒谬。

不过，说到这里，我倒想引入另外一个话题，这个话题同样也是王一方所着重讨论的。这就是关于中医的问题。当然，王一方在其本人教育背景中的中医出身，也为他讨论这个问题提供了有利的条件。

□　其实，在古代，中医和西医（那时西医是多么野蛮，多么"伪科学"啊），本来是相当类似的，有许多相似相通之处。例如在《医学是科学吗》中谈到中医的一次对话中，王一方给出了一张《希波克拉底誓言》和唐代孙思邈《大医精诚》的对照表，非常有意思，你可以发现这两个不同时空中的名医，说的话非常相似。

在《医学人文十五讲》中，王一方不可避免地要讨论到中医问题，其第六讲即为“中国传统医学人文的终结”。其中谈到中医迎击现代科学长矛进攻的两块盾牌，亦即应对西医进攻的两种策略：其一曰“我是国粹”，其二曰“我也是科学”。

对于前一种策略，王一方认为是有害的，是一种自居弱势的策略，将使中医沦落到要靠国家政策保护的地步。

第二种策略，其实也是失策。因为在这个问题上，许多人至今仍然习惯于一种一元价值观，简单来说就是一句话：“是科学则存，非科学则亡”。与此相呼应的还有两个极其简单幼稚的观念：一、不是科学就是伪科学；二、对伪科学就要斩尽杀绝。所以当听到某著名院士明确宣称“中医是伪科学”时，许多中医界人士始则如丧考妣，继而义愤填膺。

其实，在这个问题上，有两个明显的常识，长期被唯科学主义的话语所遮蔽，这两个常识是：一、不是科学的东西未必就是伪科学；二、对伪科学也没有必要斩尽杀绝。在这两个常识的基础上，当然就不会存在“是科学则存，非科学则亡”这样险恶的局面，中医也就用不着“死乞白赖”地宣称“我也是科学”了。中医应该理直气壮地说：我算不算科学我无所谓，我就是我，我就是中医。

至于中医的发展之道，王一方似乎是赞成“中西医结合”（或曰“中医现代化”）的。在这一点上，我的意见与他不尽相同。我的意见是：

当务之急是强调中医的生存资格，而中医究竟应该向什么方向发展，我们不应该去人为地指定，应该听任中医向多个方向尝试发展。既可以走“中西医结合”的道路，也可以走“纯粹中医”的道路，还可以走其他目前尚未明确显现的道路。哪条道路走得通，哪条道路能够使中医发展壮大，就让中医以这条道路为主往前走，不就行了吗？至于它是否还“纯粹”，那是无关紧要的——世界上本来就没有绝对“纯粹”的学问。

■　因为近些年来，关于中医、西医的讨论非常热烈，这可以说是一个既具有理论意义，又有着直接的现实意义的重要话题。对于你所总结的王一方关于这一问题的看法，我与你类似，除了“中西医结合”这一点之外，其他的都是基本同意的。

其实，许多人之所以会排斥、反对中医，甚至把中医当做“伪科学”，一是因为基于对“科学”的信仰，也同时是因为其一元论的科学观，即认为，如果西医是科学，那与之不同的医学，就不可能同时也是正确的东西。不过，在一种严格的标准中，很容易发现原来我们认为是“科学”的医学，其实与那像物理学等“精密”的科学有着很大的差别，有着更多的不确定性，因而如果称之为“科学”的话，则必须要拓宽“科学”的概念（这里还要区分临床医学与作为其基础的生理学等学科）。同时，如果依然以人们的经验来做判断的话，除了现在的西方主流医学之外，其实其他许多与现代西医不同的医学也都有其经验的基础或者说功效。这样，另一种策略，就是对拓宽了范围的“科学”，进一步采取一种多元的立场。

关于中医的问题，还涉及更多的方面，这里不大可能一一展开。如果回到我们开头的话题，即讨论医学人文的问题，只能说，这也是医学人文所不可回避的争议问题之一。实际上，在王一方的这几本书中，关于医学人文的讨论也涉及到更多、更广泛的问题，以至于这里也不大可能一一提及。但作为总结，最后我所想强调的，则是像这种医学人文的观念，至少首位地应该在医学教育中普及。而其结果，就最基本点来说，也正是要让医学再度恢复其“人性”。

但是，在目前的体制、观念下，在我们的医学教育中，要做到这点显然很难很难，甚至于，在发展前景上，我也仍然持相对悲观的看法。不过，这不也正从另一个方面，表现出王一方这样的探索和努力的价值吗？

王一方：《人的医学》，江苏教育出版社，2008

王一方：《医学人文十五讲》，北京大学出版社，2006

王一方：《医学是科学吗——医学人文对话录》，广西师范大学出版社，2008

李约瑟在今天的意义与局限

——从《李约瑟:揭开中国神秘面纱的人》说起

□　刘兵兄,作为科学史研究者,我们很早就想谈一次李约瑟了,但是得知英国人文思淼(Simon Winchester)的李约瑟传记问世的消息,我们希望让此书至少起一个"药引"的作用,所以就决定将这个话题推迟到该书中译本出版之后——它肯定会很快被引进中国的。现在果然,此书的中译本已经出现了。

关于李约瑟,很多人虽久闻其名,其实对他只是一知半解。有的人将他当做"科学史"的代表人物(科学史到底搞些什么很多人也不清楚),有的人则更热衷于解答"李约瑟问题"——中国科学技术曾长期领先于西方,为何现代科学却没有出现在中国？

2000年，我应上海一家杂志之约，为纪念李约瑟诞辰一百周年写过一篇“被中国人误读的李约瑟——纪念李约瑟诞辰一百周年”，不料被该杂志枪毙，理由是“有损李约瑟的光辉形象”。这篇文章后来原封不动发表在北京的《自然辩证法通讯》上（2001年第1期）。发表之后也曾经出现过若干篇和我“商榷”的文章。但非常奇怪的是，这些文章都不依据《自然辩证法通讯》上我的学术文本展开商榷，却不约而同地针对《南方周末》对我的长篇访谈来商榷——然而这些“商榷”文章本身却都采用了学术文本的形式！既然撰写学术文本，按理说总应该查阅学术文献，不能随便看看报纸就大发宏论吧？

我在上述文章中认为：关于李约瑟，多年来国内媒体宣传给公众造成的印象和观念并不正确，至少很不全面。我们希望从李约瑟那里得到的东西，很可能并不是李约瑟打算给我们的。我们甚至有意无意地误读了李约瑟的学术意义。

而对于“李约瑟问题”，我的看法是：这是一个伪问题，因为那种认为中国科学技术在很长时间里“世界领先”的图景，相当大程度上是虚构出来的——事实上西方人走着另一条路，而在后面并没有人跟着走的情况下，“领先”又如何定义呢？“领先”既无法定义，“李约瑟问题”的前提也就难以成立了。

我上面的“伪问题”说，虽然与席文（Nathan Sivin）的说法类似，但出发点是不同的（下文我们还要谈到）。然而相同的是，“伪问题”说都让不少人心里不大舒服。

■　我们两个人都是搞科学史的，谈了这许久，居然没谈李约瑟问题，这确实有些奇怪，但我想，其中原因之一，恐怕正是因为我们把这过多地当做了一个更学术的问题，再加上没有赶上新书出版的契机。不过现在想来，既然像文思淼这样更为面对公众的李约瑟传记都可以出版，而且还引起很大反响，既然那么多中国人（在文思淼写的传记出版之后又加上更多的外国人）都知道李约瑟之大名而不甚了解其工作，那么，作为具有一种传播普及意义上的对谈，当然也可以选择李约瑟作为对象了。

你前面谈到了“李约瑟问题”，以及你写的文章和接受的访谈，而我于 2003 年在英国剑桥李约瑟研究所作了半年的访问学者之后，也曾写过一篇关于“李约瑟问题”的长文，后来发表在《自然科学史研究》上。类似地，我也认为“李约瑟问题”是伪问题，但我那篇文章的着重点，既不同于席文的观点，也与你刚说的问题略为有别。我的文章主要是考察在李约瑟之后，其他一些研究中国科学史的西方学者对有关问题的态度立场。在这样的比较之下，我们会发现，其实李约瑟的立场基本上还是半个多世纪以前的，而且后来变化也很小。而在这段时间中，随着科学史的具体研究和相关理论的发展，尤其是受到后来有些后现代意味的各种学说的影响，“李约瑟问题”早已不再是西方研究中国科学史的主流学者们所关心的问题，其存在的前提，也随着科学史理论的进展而被基本消解了。

我们还可以看到在“李约瑟问题”上有很强的“辉格史学”的风格，因为在李约瑟的研究中，在相当的程度上仍是以西方近代科学的成就作为潜在的参照标准，从而才有领先或落后之说。

那么，为什么时至今日，仍有那么多的中国学者，以及在学相关专业的学生们(我们从发表的文章中可以看出),还是如此痴迷于"李约瑟问题"呢?这倒是值得我们在后面好好讨论一下的。

不过,在此之前,我想先就你前面谈的内容向你提个问题:你说到"关于李约瑟,多年来国内媒体宣传给公众造成的印象和观念并不正确,至少很不全面。我们希望从李约瑟那里得到的东西,很可能并不是李约瑟打算给我们的。我们甚至有意无意地误读了李约瑟的学术意义"。在这里,你所说的错误印象和误读具体所指是什么呢?

□ 那我就先谈下面两点:

一、李约瑟被中国公众视为科学史的代表人物(这应该不包括国内从事科学史研究的专业人员,他们中大部分人也许没有这种误解——但科学史专业群体本身就是非常微小的),而事实上并非如此。且不说国际上研究科学史的当代杰出人物,就算只找"科学史之父"作为代表,那也应该是乔治·萨顿(George Sarton)。但是萨顿在中国公众中有多少知名度?2007年我们两人主编了《萨顿科学史丛书》(上海交通大学出版),就是为了有助于公众扭转这方面的误解。

二、对李约瑟在国际科学史界的地位也缺乏正确认识。

其实李约瑟身边的人对此早有坦然的陈述,而且刊登在中文书籍中,例如鲁桂珍在《李约瑟小传》(载张孟闻编:《李约瑟博士及其〈中国科学技术史〉》,华东师范大学出版社,1989)中说:"李约瑟并不是一位职业汉学家,也不是一位历史学家。他不曾受过学校的汉语和科学史的正规教育。……实际上他根本没有正式听课学过科学史，只是在埋头实验工作之余，顺便涉猎而已。”李约瑟是一位非常成功的生化学家，41岁当选皇家学会会员，但对于科学史研究而言，他非但是“半路出家”，而且是“自学成材”，这就和“科班出身”的“正统一脉”（比如上面提到的席文）大不相同了。

有的学者曾拿李约瑟获得萨顿奖（1968），和他70寿辰（1970）有西方科学史界头面人物为之祝寿，来证明李约瑟是被西方科学史界普遍接受的。但是在这两个被认为是李约瑟受到西方科学史界接纳的象征性事件发生了11年和9年之后的1979年，李约瑟在香港中文大学新亚书院举办的第二届“钱宾四先生学术文化讲座”上作了五次演讲，这五篇讲稿集成为《中国古代科学》一书，第一篇《导论》中就有“先驱者的孤独”一节，备述他受到的种种冷遇——而且就在他一生工作的剑桥大学！李约瑟感叹说：**“更有甚者，同样一堵墙也把我们拒于科学史系门墙之外，这一现象何其怪异啊！”**他最后只好以“然而这个时代已经赋予我们很高的荣誉了（应该是指他获得萨顿奖），又何必埋怨太多呢”聊自宽解，这难道不是李约瑟自己仍然感到没有被西方科学史界接受的有力证明吗？

■　如果你是就以上问题来说李约瑟在中国被许多人所误读，这我是完全同意的。确实，如果将他与美国的席文相比，其间“职业化”与“非职业化”的差别就很明显了。当然，这里所说的职业化，并不仅仅是指是否专业从事某项工作（李约瑟后半生倒是的确专业从事科学史的研究呢！），而是指是否以那种学术共同体大多数人所认可和遵循的“范式”来从事工作。也许，针对两位同是从事中国科学史研究的大人物，将来有人做一个李约瑟与席文的比较研究，那倒一定会是很有趣的。

如果就一般情况说“非职业化”，那似乎倒与“民”字头的人群（如“民科”、“民哲”甚至“民史”）有些类似，但李约瑟却在有相当“非职业化”特征的同时，又是一个非常例外的异数。这主要体现在：尽管“正统”科学史界对接受他有所保留，但他毕竟有着特殊的献身精神，在其科学家的职业生涯（应该说这是非常“职业化”的）达到近乎辉煌的阶段之时，毅然做出惊人的转向，将其后半生献身于中国科学史的研究，并写出了篇幅惊人的中国科学技术史巨著。

让李约瑟做出这一巨大转向以及在后半生全力研究中国科学史的动力，如果用李约瑟的“官方说法”，应该是希望对“李约瑟问题”做出回答，然而，新近出版的文思淼所写的李约瑟传记，又给出了另外新的说法，对此，我们后面可以再细谈。但毕竟因为这一转向，以及他后半生兢兢业业的研究，使得中国科学史为更多的西方人所了解，这确实是李约瑟最大的贡献，对此，我们也是应该充分承认的。

我也同意你所说的另一点，即国内从事科学史研究的专业人员中大部分人也许并没有误解李约瑟其人其书，但与此同时，我提的问题，即为什么时至今日，仍有那么多的中国学者，以及在学相关专业的学生们，还是如此痴迷于“李约瑟问题”，也许我们可以好好地讨论一下了。显然，如果对此没有说清楚，无论在学术研究的意义上还是在公众传播的意义上，都无法真正摆正李约瑟的位置。

□　这个问题确实值得谈一谈，尽管我说这句话的时候，所指也许与许多人心目中的所指并不相同。

我估计你和我一样，与其说关心“李约瑟问题”，不如说是关心“为何中国有那么多人关心‘李约瑟问题’”。说实话，我个人对“李约瑟问题”本身确实没有多少兴趣，我也从来没有打算去尝试解答过“李约瑟问题”——既然我认为它是一个伪问题，当然不可能去解答它。尽管我承认“伪问题也可能有启发意义”。

我接触的学术圈子或准学术圈子中，就有好几位人士相当热衷于解答“李约瑟问题”，而且还往往摆开阵仗撰写学术文本来解答。种种解答当然言人人殊，莫衷一是，谁也无法从中“评选”出“最优解答”。我也没有和这些人士就“你为何关心‘李约瑟问题’”直接交流沟通过，所以对人们为何关心“李约瑟问题”，只能根据他们所发表的论述，进行猜测、分析和有限的推论。

席文属于对“李约瑟问题”不以为然的人之一，他认为讨论一件历史上没有发生过的事情“为何没有发生”是没有意义的，所以“李约瑟问题”就被他尖刻地比喻为“类似于为什么你的名字没有在今天报纸的第三版出现”，“它属于历史学家所不可能直接回答、因此也不会去研究的无限多问题之一”。

但细究起来，席文的比喻不无问题。如果你只是一个普通人，问为何你的名字没有出现在今天报纸上确实没有意义，但如果你是刚刚当选的奥巴马，或是绯闻方殷的萨科齐，那上述问题就并非毫无意义了。由于李约瑟认定中国古代的科学技术“领先”西方一千多年，所以他问“为何现代科学却没有出现在中国”也就并非毫无意义了。

问题的关键在李约瑟的上述认定。由于“李约瑟问题”——让我们重复一次，是“中国科学技术曾长期领先于西方，为何现代科学却没有出现在中国”——在修辞效果上用后一句话肯定和强调了前一句话，所以让许多中国人感到“倍儿有面子”，很亲切。因此对“李约瑟问题”的任何解答，无论答案是什么，都意味着对该问题中前一句话的肯定和认同。我猜想这或许就是许多中国学者热衷于解答“李约瑟问题”的潜意识动力吧？

■ 确实如此。不仅中国人，像一些印度学者，也是热衷于讨论印度版的“李约瑟问题”的。这里面，显然，民族（尤其是那些有过辉煌的历史的民族）的情感是起了很大的作用的。但这也依然是可以理解的。为了一个国家、一个民族的发展，找出现在不发达的问题所在，从而解决当代的科学技术发展在政策、文化等方面的问题，这当然会是很有吸引力的想法。

但在那种可以理解的动机背后，其出发点却可能存在着学理上的问题。而这种辨析，则可以让人们思考更多的东西。

如前所述，我说“李约瑟问题”实际上是一个非常辉格式的问题，即是以西方近现代科学为潜在标准，而这种标准选择的背后又隐藏着一种一元论的科学观的假定，因而，表面上看是要强调中国甚至东方的重要意义，在深层意识中却是一种变形的西方中心论。这样的观念甚至影响到李约瑟本人的中国科学史研究的方式。例如，在他的巨著《中国科学技术史》中，就正是将中国古代“科学技术”的各个分支通过有些牵强的变形而对应于近代西方科学的各学科，这正如西方学者白馥兰（F. Bray）所指出的，这样可以让李约瑟辨识出近代科学与技术的中国祖先或者说先驱，但代价却是使其脱离了它们的文化和历史语境。

这种对“发现”和“创新”的强调，是以一种很可能会歪曲对这个时期的技能和知识的更广泛语境的理解的方式。它把注意力从其他一些现在看来似乎是没有出路的、非理性的、不那么有效的或在智力上不那么激动人心的要素中引开，而这些东西在当时却可能是更为重要、传播更广或更有影响力的。

如果我们不将欧洲的近代科学作为参照标准，而是以一种非辉格式的立场，更关注非西方科学的本土语境及其意义时，“李约瑟问题”自然也就不再成为一个必然的研究出发点。而且，相应的研究，也会出现关注点的变化。就像法国学者詹嘉玲曾明确地指出那样，“许多研究传统中国科学的西方科学史家批评了李约瑟陈述他的核心问题的方式。他们选择了不同的研究进路，关心对于思维模式的更深入的理解胜于关心补充中国对当今科学知识之贡献的清单的补充。在这一领域中，目前被认为是最为创新的研究，集中于关注在中国的科学传统中发现了什么，而不是缺失了什么”。

□　你的看法真的直指要害。事实上，李约瑟自己在如何看待科学这个问题上，似乎尚未得到高度自洽的明确立场，而是隐含着某些逻辑矛盾。

比如，按照余英时的归纳，李约瑟是将“现代科学”看成大海的，而一切民族和文化在古代和中古所发展的“科学”（广义的）则是千百条河流，最终都汇入“现代科学”的大海之中——李约瑟自己的措词是借用中国的说法“百川朝宗于海”。但李约瑟这样一来，岂不就从根本上消解了他自己的"李约瑟问题"？既然是百川入海，中国古代就是百川之一；川本身当然不等于海，海也不可能从某条川中变成——或者也可以说，每一条川都对海的形成做出了贡献（这一点又是李约瑟所强调的）。那么再问"中国这条川为何没有变成海"还有什么意义？

又如，台湾学者朱浤源认为，李约瑟虽然在生物化学方面早有成就，但他并未受过科学史学科的专业训练，也未受过科学哲学的专业训练，因此未能将科学加以适当定义是李约瑟的一大困境："由于没有定义，哪一些学门、哪一些分科、哪一些材料应该纳入，哪一些不应该纳入，就没有客观的标准，从事抉择的时候，较难划定统一的范围。在这种情况下……使工程越做越大。"这一问题的后果已经有目共睹。缺乏对科学的适当定义，也很容易使得"李约瑟问题"从另一个角度变成伪问题。而且，李约瑟有时拔高古代中国人的成就，也和不对科学加以适当定义有关。

从《中国科学技术史》的"工程越做越大"，很自然地被引导到关于李约瑟的著作方面。目前已有的中文读物中，相对完整的是李约瑟自己生前让柯林·罗南（Colin A. Ronan）改编的简编五卷本《中华科学文明史》，由上海交通大学科学史系翻译，已经由上海人民出版社在 2002—2003 年间出齐。而李约瑟的鸿篇巨制《中国科学技术史》，英文原版也还在慢慢陆续出版中，中译本自然又要更慢一些，它将是一个漫长的学术工程。还有就是那本由 1979 年在香港中文大学五次演讲稿集成的《中国古代科学》一书。这些是目前了解李约瑟思想和成就的比较权威的中文文本。

至于文思淼这本《李约瑟——揭开中国神秘面纱的人》，倒是并不致力于营造李约瑟的“光辉形象”，反而对李约瑟的许多八卦故事相当热衷，比如他的几次婚外情之类，甚至说“剑桥没有几位妇女能够逃过李约瑟猎色的目光”。这当然会让中国读者中富于八卦娱乐精神的人兴味盎然，但恐怕也会让思想保守的人士皱眉的。

■ 关于李约瑟的百川归海的比喻，也是基于其一元论的科学观的，因为那个海本身最终是指一种普适的、实际上就是现代西方科学的东西。而在多元科学观看来，也许在科学的世界中并不存在这样一个唯一的海。因而，如果按照李约瑟的科学观来研究古代科学史（不管是中国的还是其他国家或民族的），自然就会带来前面所说的逻辑问题。

最后，我们终于说到了恐怕会颇有争议的文思淼所写的李约瑟传了。确实，这部传记在传统的观点看来，是有些八卦。但八卦也有八卦的意义。比如说，只有通过这种方式，才会让更多的人容易接触到李约瑟这个以其他方式不太容易引起公众和学术非同行兴趣的学者。再有，某种表面上的八卦却又有其严肃的历史研究价值，因为这会带领我们去注意那些非八卦的研究通常不大可能会注意的问题。例如，前面所说的李约瑟中年转向中国科学史并倾其后半生精力进行研究的动力问题，在上海举行的那次与文思淼和中国学者见面的新闻发布会上，我就曾向他提问，而文思淼则明确地回答说，他认为这主要的动力并不是真正来自要回答“李约瑟问题”，而是因为李约瑟认识了后来多年作为其情人以及在最后终于成为他的妻子的那位漂亮的中国女子鲁桂珍。其实，这也是一种历史的解释，如果不把它作为唯一的解释的话，也是人们理解李约瑟的一种方式，甚至是更人性的方式。

我们谈到了李约瑟的局限和问题，但这并不排斥我们说他的研究工作和著作的巨大影响与相应的价值，同样地，有一本能让更多的人知道、了解李约瑟的、有些八卦意味的传记出版，也并不会真的有损于其形象，除了那种极端保守的人之外，一般读者只会因此而拉近与李约瑟的距离。让一个了不起的学者在公众和同行的眼中变得更加有血有肉，这岂不是一件很好的事情吗？

李约瑟：《中华科学文明史》，上海人民出版社，2002—2003（全5卷）

李约瑟：《中国古代科学》，上海书店出版社，2001

李约瑟：《中国科学技术史》第一卷、第二卷、第四卷第一分册、第二分册、第七卷第一分册、第七分册……科学出版社·上海古籍出版社，1990—

文思淼：《李约瑟——揭开中国神秘面纱的人》，上海科学技术文献出版社，2009

瓦尔登湖的春天不崩溃

□　本文的这个标题，我几个月前就已经想好了，听说过的人都觉得很吸引人。这个带有浓厚“拼贴”色彩的标题，也意味着我们这次要在本专栏中尝试新的路数——不局限于同一个人的著作，而是将某几种在思想脉络上有内在联系的书放在一起讨论。

《瓦尔登湖》(*Walden*)作为名著我当然久闻其名，自然也将其书收入书斋，但是近来仔细读了，却有许多“后现代”的反科学主义联想。

梭罗(Henry David Thoreau，1817—1862)生活在19世纪，《瓦尔登湖》初版于1854年。那个时代，正是现代科学技术高歌猛进的时代，科学技术和学者及公众正处在蜜月期，当时几乎每一个有知识的人都倾心投身于科学技术的怀抱——或者说是“张开怀抱迎接科学技术”。可是在那个时候，梭罗的行止却显得像是一个十足的怪人。

爱默生写过一篇《梭罗小传》，用平实而优美的散文描绘了梭罗的生平。其中有些句子居然仿佛司马迁刻画人物的风格，例如：“他宁愿减少他日常的需要”、“他发现博士中流行谦恭礼貌，便对他们失去了信任”、“他知道幻想的价值，它能够提高人生，安慰人生”……诸如此类。在爱默生笔下，梭罗有点像一个在家乡附近的流浪汉——他是一个亲近大自然、愿意与大自然和谐相处的旅行者，他有着足够的谋生技能，却不愿意利用这些技能去积累财富，也拒绝利用这些技能去换取奢华富足的生活——这种生活正是我们现在梦寐以求的所谓“现代化生活”。

■ 也许，脑子里有什么样的理论背景，就会看到什么东西。所以，你在梭罗的书中，看到了，或者说，看的时候就联想到了“后现代”的反科学主义。其实，在19世纪，谈论反科学，至少不会像我们今天这样成为一个热门的话题，而那时虽然也可以说是现代科学技术“高歌猛进”的时代，但其巨大的威力，却远远没有像今天那样得以充分显示。

我觉得，像《瓦尔登湖》这样的书，也许是表达了一种生活态度，一种自觉的对于质朴的生活的追求，但却只有在今天，在“现代化”的生活已经难以逃避之后，与现代化的生活相对应，才更会反衬出那种追求质朴、宁静的生活的价值。也正是在这种鲜明的对比之下，我们才会从《瓦尔登湖》中看出更多的内容，也才会有你那些联想。不过，一部书，无论它在被写作时作者是如何构想，似乎只有在不同的时代，在不同的读者那里，能够带来更多联想的增生，才具有了经典的价值，才会让人们去不断地阅读。

当然，尽管有前面的想法，我们还是不得不承认梭罗的先见之明。其实，在任何一个时代，有先见之明的，往往并不是“大多数”人，而只是少数的“智者”。当那些“智者”也许只是以并不足够清晰的方式质朴地讲述他们的思想，在以后的时代，甚至在作者本人也许都不曾明确预见的后续事件发生之后，经过后人在新的语境下的新解说、新思考，才让那些隐藏的意义呈现出来。

不知我这样想，是不是又有些极端。当然，我觉得，这种事后阐发的说法，绝不有损于先辈伟大作家。

□ 我完全同意你的上述看法。事实上，经典之所以能够一代一代被人阅读，就是因为每个时代的阅读者都可以从中读出新意义来，能够不断赋予被读作品以新的意义。

其实梭罗在瓦尔登湖畔的生活时间并不长，但无论到哪里，他都坚持要过一种质朴的生活。前不久我恰好对“中国人过绿色生活”的话题发表过一点看法，甚至还到嵩山少林寺以此为题作了一次演讲。现在想来，其实梭罗过的生活，正是我们今天所说的、不折不扣的绿色生活。

但是梭罗过的生活，即使在19世纪初中叶的当时，也已经显露出某种“反现代化”的倾向或色彩，尽管他自己和他的同时代人也许并未“凝练”出这样的主题。

从《瓦尔登湖》和梭罗的生活，我马上联想到《寂静的春天》(*Silent Spring*)。

在梭罗生活的时代，人类当然还没有化学杀虫剂。

我很想问你这样一个问题：如果梭罗在他的生活中见到了化学杀虫剂，你认为他是会抵制还是会欢迎？

■ 你这样一个问题倒很像是一个理想实验了。我觉得，其实是有各种可能性的。

比如：按照人们最直接的、最简单的想法，也许会说，他当然要抵制，因为杀虫剂显然是现代化的产物，而你已经给他做出了“反现代化”“倾向”的定性。

不过，他也许不会抵制，因为仅仅从表现上看，化学杀虫剂并不那么直接地就与质朴生活相冲突。设想一下，当梭罗在他愿意生活的自然环境中生活时，也许有了杀虫剂，还会带来一些生活上的方便呢！而化学杀虫剂刚刚问世时，也确因其“利人”的功能而受到人们广泛的欢迎。化学杀虫剂的危害，只是在其大量被应用了相当一段时间之后才为人们所意识到的。

追求质朴简单的生活是一回事，即使带有某种“反现代化的倾向”（但这也在某种程度上是因为后来现代化出现我们才会为之这样命名），在“现代化”出现之前就能够意识到“现代化”的弊端，那就是另一回事了。

当然，或许也有可能梭罗一开始就会抵制化学杀虫剂（这又可能是出于各种原因），如果是那样，那他可以说的确是太有先见之明了——但从前面的分析来看，我总觉得这样的可能性不大。

□ 我的猜测是，梭罗会抵制。但是，这种“魔鬼”类型的东西他抵制不了。

杀虫剂和原子弹其实大有相似之处——都是只要有一家开始搞或者用，别人就不得不跟进。只要杀虫剂一流行，梭罗就是想抵制也抵制不了，除非他不种粮食蔬菜水果了。最近我听说一个熟人真的试图在自己的园子里种植“绿色环保”的蔬菜和水果，为此他拒绝使用一切杀虫剂，结果正如我以前在演讲中所预料的——虫子吃光了他的蔬菜和水果，他颗粒无收，沮丧到了极点。他用一季的徒劳，再次印证了蕾切尔·卡森在1962年《寂静的春天》中那“旷野中的一声呼喊”是多么沉痛和绝望。

《寂静的春天》出版之后两年，在药业公司利益集团的诅咒声中，发出“旷野中的一声呼喊”的卡森（Rachel Carson）自己死于癌症（1964）。之后6年，著名的“罗马俱乐部”成立（1968）。之后10年，罗马俱乐部出版第一部报告，题目就是《增长的极限》（*The Limits to Growth*，1972年）。环境保护和“有限地球”的观念，由此日益深入人心，最终汇成全球性的环境保护运动。

虽然我们在用上面的方式回忆这段历史时，似乎有着某种“乐观向上”的情绪，其实《寂静的春天》中的那一声呼喊，真的是沉痛而绝望的——在47年之后的今天，当我们目睹身边如此荒谬的局面，才更能体会这种沉痛和绝望。

我们现在的局面是：在人类用杀虫剂破坏了大自然的平衡之后，我们和虫子之间，通过“反复开发出新剂型—不断进化出抗药性”这样的无限循环，暂时维持着新的平衡。虽然我们已经研发了无数品种的杀虫剂，并付出了在河流、水源、土壤、植物等等遭受全面污染的代价，但是“华佗无奈小虫何”，虫害并未绝迹。现在我们必须长期依赖杀虫剂，听任环境被杀虫剂日益污染，才能以饮鸩止渴的方式维持和虫子之间的新平衡。

这样一看，杀虫剂是不是很像一个魔鬼？它一旦从瓶子里被放出来，就无法让它回去了。这个魔鬼扰动了大自然在这方面的秩序，破坏了人类与昆虫之间长久以来的共处状态，使我们陷入了如今这种进退维谷的境地。如果起梭罗和卡森于地下，让他和她目睹今天的局面，真不知他们会作何感想？

■ 好吧，既然你已经提出，如果梭罗面对杀虫剂时，他就是想抵制也抵制不了，从这样的说法中，却反映出了一种伴随着人类技术发展前景的悲观情绪。卡森的《寂静的春天》一书通常被认为是现代环保运动的肇始，而该书又是由杀虫剂的问题引出的。这样，技术的发展也就与人类面对的生态环境问题从一开始就密不可分地结合在一起了。十多年前，我加入了自然之友，在参加一些环保工作的时候，也结识了许多坚定的环保人士。我后来经常在不同的场合会说到自己的一种印象，即那些最坚定的环保人士，其实对人类保护生态环境的终极前景，大多是持一种相对悲观的看法。而他们最令人钦佩之处，也正在于这种知其不可为而为之的努力。

确如你所说，当有了杀虫剂（注意，这里指的是现代化的化学杀虫剂，而非传统的治虫手段）之后，人与虫之间就进入了一种“反复开发出新剂型—不断进化出抗药性”的无限循环，而且，这样的循环显然是一种恶性循环。不仅在杀虫剂问题上，在对待治疗人类疾病的抗生素问题上，也是一样。在现代技术的发展中，这是一种有共性的倾向。其背后的深层原因之一，恐怕就是在现代技术发展的一开始，人们在对科学和技术的应用会给人类带来光明前景的乐观期待中，所持有的一种要与自然界相对抗，而且认为人类终会在这样的对抗中获胜的心态。而到了今天，当一些人意识到这种对抗所带来的严重后果时(我只是说一些人,因为还有许多许多的人仍然对于人类在与自然界的对抗中获胜持有未经深刻反思的信心和盲目的乐观),却为时已晚,已经无法从那种恶性的无限循环中抽身而出了。

也许,对于前述问题之严峻性和不可解决性的认识,正是那些坚定的环保人士对未来前景持悲观态度的原因之一(注意,我说的只是"之一")。

□　也许卡森当年也有这种"知其不可为而为之"的悲观心态。《寂静的春天》出版后两年,她自己就死于癌症,这个瘦弱的女子真让人既同情又敬佩。

我们对技术的认识,长期以来一直深陷误区。我们总是满心欢喜地拥抱一切新技术,而且还要将讴歌这些技术视为自己的义务,觉得自己如果不能加入对"高新技术"的企盼赞颂的合唱中,那就是落伍的表现,一定要"急起直追"。我们不假思索地接过已经彻底商业化了的奥运会的口号"更快、更高、更强"——这骨子里和我们以前的口号"多、快、好、省"异曲同工。在我们许多人的心目中,永远是一幅无限发展的图景。

在这样天真的心态支配下,面对新的技术,我们从不试图区分魔鬼和天使,而是急急忙忙要将每一个被我们看见的瓶子打开,好尽快将里面的魔鬼放出来,而且还要忙不迭地迎进家门,将自己的未来交给它们支配。

当然,迄今为止,绝大部分瓶子中的技术魔鬼,都是西方人放出来的——中国人还在为自己从瓶中放出的魔鬼太少而深深自责。但是技术魔鬼几乎每一个都是"全球化”的，它们一旦出来，非但西方人赶不走它们，全世界其他地方的人也不得不立刻跟进，将它们迎进家门。杀虫剂就是最典型的例子之一。

自从科学技术在18世纪开始攻城略地长驱直进之后，对待科学技术的保守主义立场就一直受到批判。《庄子》寓言中那个拒绝灌溉机械的老人所说的话：“有机械者必有机事，有机事者必有机心，机心存于胸中则纯白不备，纯白不备则神生不定，神生不定者，道之所不载也。”一直被我们用来作为“抱残守缺”拒绝进步的“没落”典型。

其实有很多新技术，刚出世时往往风情万种，令人倾心，但过了足够长的时间之后人们就会认识到它的魔鬼本质。不幸的是，通常到此时人类就已经离不开它了。杀虫剂已经被证明是如此，还有许多我们今天已经离不开它们的技术，比如手机、电脑、互联网、网络游戏等等，也很有可能是如此——只是眼下时间还没有足够长而已。

■ 当下，如果对化学杀虫剂或者原子弹这样的现代技术，也许会有一些人有这样的认识，但也仍会有许多人为其出现的合理性和必要性来辩护。但若更一般地谈论技术以及技术带来的发展，比如像你说的手机、电脑、互联网、网络游戏等等，甚至于那些我们在日常生活中早已习以为常而且一旦接受同样再也离不开的技术时，恐怕仍会同意你的观点的人就要更少得多了。

在这背后，其实一个更为深层和本质的问题，是对于发展的理解的问题。

人们现在经常习惯于重复那句名言：“发展是硬道理”。其实，这句话本身并无问题，因为人类进化的过程，就是一个发展的过程。问题在于如何理解发展本身。在现代化、全球化的语境下，人们经常会不自觉地默认，那些能够带来更迅速的物质享受以及财富增长的发展（要实现和保持这样的发展当然要依赖于更高更新的现代技术）才是真正的发展。而把那些不那么符合这种基于物质产品和财富之数量增长的发展，归之于停滞和落后。并进而在价值判断上，把有利于前者的意识和观念归于好的、先进的、正确的，而把不利于那种面向现代化、全球化（而现在我们所说的全球化不过是按照西方现代科学技术及其观念强行加之于世界各国的标准）的发展的意识和观念，归之于不好的、落后的、错误的甚至于愚昧的。

但是，这样一种默认，或者用我们的朋友刘华杰教授的著名隐喻即“缺省配置”之下，人们却没有想到，对发展的这种“缺省配置”的理解一定合理吗？至少，从人类的长久发展，或者用时尚些的说法，即可持续发展来看，现在流行的发展模式肯定是不行的。

□　此言大得我心！这种无限制地一味追求“更快、更高、更强”的发展模式，其目标到底是什么呢？要发展到什么地步才算满足呢？那些只知道要追求“更快、更高、更强”的人，从来不思考“我到底要什么”这个问题。这种无限发展的前景，从数学上说是发散的，从物理上说是奔向无穷大的，在实际上是不可持续的。

其实这样发展下去的前景，正是我们要谈的第三本书的标题——《崩溃》。

书名全文是《崩溃——社会如何选择成败兴亡》（*Collapse*：*How Societies Choose to Fall or Succeed*），原书出版于 2007 年。全书正文分成四个部分：

第一部分“现代蒙大拿”，基本上只是一个引子，类似中国明清时代小说中的“楔子”。第二部分“过去社会”，首先考察了历史上几个社会的崩溃，包括复活节岛、皮特凯恩和汉德森岛、阿纳萨兹人、玛雅人、维京人。一个基本的结论是：这些社会之所以会崩溃，主要原因就是环境恶化了——主要是当地可利用的资源耗竭了。这一部分的最后一章（第 9 章）则讨论了新几内亚、日本等成功的案例。第三部分“现代社会”，讨论了四个个案：卢旺达的种族屠杀、多米尼加共和国与海地的对比、中国、澳大利亚。第四部分“实践教训”，重点论述的问题是，为什么环保问题不是科学技术问题而是政治问题？

事实上，《崩溃》给我印象最深刻的地方，就是作者在书中强调指出：今天的环境保护问题，首先不是一个科学技术问题，甚至几乎就不是科学技术问题，而是彻头彻尾的政治问题。这一点对于许多还想当然地将环境问题当成科学技术问题的学者和公众来说，是有振聋发聩之功。也只有从这一点出发，才有可能将我们对于环境、污染、发展等等问题的思考引向深入。

■　是啊，我觉得，《崩溃》这本书的观点，确实是值得重视，值得大力传播的。因为按照前面所说的那种对未来悲观的看法，实际上，也就是认为人类社会在现有的发展模式下或迟或早要走向崩溃，而且，要想改变现有的发展模式，又是极为困难的。

其实，关于环保问题，用科学技术的发展来解决，也是方式之一，但关键在于，科学技术不是解决环保问题的首要因素。目前被广泛传播的流行观点，恰恰是把解决环保问题当做一个科学技术发展仍然不够的问题。这也就与你经常提到的科学主义的意识联系在一起了。就是认为科学技术可以解决几乎所有人类社会发展中面临的问题。

如果从认为环保问题首先是一个政治问题，那么我们要对待环保的态度，以及相应要采取的行动，就会很不一样了。而在这背后，前面所说的发展模式问题，就更为突出了。不过坦率地说，要想改变现有的为大多数人（包括世界各国大多数领导人）所持有的发展模式，并不是一件轻而易举的事，悲观一些地看，我甚至觉得那几乎是不可能的。当然，在这背后，还有着另外一些复杂因素，例如，在面对现实的国际、民族冲突时，因发展水平不同而带来的竞争实力的差异以及由此带来的问题等。

但尽管如此，并不等于说我们就可以坦然地、心安理得地无视这个问题。与现实中具体的、局部的，一些国家和民族之间的矛盾相比，整个人类的生存和延续应该是一个更为重大的问题。当我们回过头去看待历史上的那些战争，那些因发展程度不同而带来的胜负，再站在今天的立场上来想，我们又可以意识到什么？有人会觉得，那有其合理性，有人会觉得，在今天的立场上看那很不值得，也会有人继续夸大地利用这些“历史经验”来为今天的发展模式辩护。但《崩溃》一书，则是从另外的视角看到了另外的问题，而且也许是更为重要的问题。

现在有一个被大家普遍接受和经常使用的概念，即“可持续发展”，提出这样一种概念，或者说口号，其出发点当然是好的。但在现实中，我们经常看到的，却只是用这样的口号作为一种标签或装饰，而在装饰背后的实际，却显然是在坚持着不可持续的发展模式。那么，就人类的本性来说，可持续发展真的是可能的吗？

最后再来看看你一开始就给我们这次对谈设定的标题:“瓦尔登湖的春天不崩溃”,这显然也是一种美好的愿望。因其美好,所以会让许多人向往和追求。但看看现实,我们现在还能够找到瓦尔登湖的春天吗?在未来,瓦尔登湖的春天还会再现吗?

恐怕这还真是个问题。

《瓦尔登湖》,〔美〕梭罗著,许崇信等译,译林出版社,2009

《寂静的春天》,〔美〕蕾切尔·卡森著,吕瑞兰等译,译文出版社,2007

《崩溃——社会如何选择成败兴亡》,〔美〕贾雷德·戴蒙德著,译文出版社,2008

后 记

我和刘兵的对谈专栏“南腔北调”，始于2002年10月，每月的第一个周五刊登在《文汇读书周报》上，在我编辑这本集子时，我们的专栏已经进入第8个年头。前四年的对谈（第1—48期）集结成书，取名《南腔北调——科学与文化之关系的对话》，2007年由北大出版社出版。本书则收入后三年的对谈（第49—84期）作为正编；副编是我和刘兵的另一个对谈专栏——每逢双月刊登于《中国图书评论》杂志的“南辕北辙”——的第一部分（第1—11期）。

我们特别感谢北大出版社，正是他们的宽阔

视野和人文精神，使我们这些相当小众的对谈再次有集结成书出版的机会。

江晓原

2009年10月1日

附记于上海交通大学科学史系